ÜBER DIE GRENZEN DES NATURERKENNENS.

EIN VORTRAG

IN DER

ZWEITEN ÖFFENTLICHEN SITZUNG

DER 45. VERSAMMLUNG

DEUTSCHER NATURFORSCHER UND ÄRZTE

ZU LEIPZIG

AM 14. AUGUST 1872

GEHALTEN

VON

EMIL DU BOIS-REYMOND.

In Nature's infinite book of secrecy
A little we can read.

DRITTE AUFLAGE.

LEIPZIG,
VERLAG VON VEIT & COMP.
1873.

Meine Herren!

Wie es einen Welteroberer der alten Zeit an einem Rasttag inmitten seiner Siegeszüge verlangen konnte, die Grenzen der unübersehbaren seiner Herrschaft unterworfenen Länderstrecken genauer festgestellt zu sehen, um hier ein noch nicht zinspflichtig gemachtes Volk zum Tribut heranzuziehen, dort in der Wasserwüste ein seinen Reiterschaaren unüberwindliches Naturhinderniss, und die wahre Schranke seiner Macht zu erkennen: so wird es für die Weltbesiegerin unserer Tage, die Naturwissenschaft, kein unangemessenes Beginnen sein, wenn sie bei festlicher Gelegenheit von der Arbeit ruhend die wahren Grenzen ihres unermesslichen Reiches einmal klar sich vorzuzeichnen versucht. Für um so gerechtfertigter halte ich dies Unternehmen, als ich glaube, dass über die Grenzen des Naturerkennens zwei Irrthümer sehr verbreitet sind, und als ich es für möglich halte, einer solchen Betrachtung, trotz ihrer scheinbaren Trivialität, auch für die, welche jene Irrthümer nicht theilen, einige neue Seiten abzugewinnen.

Ich setze mir also vor, die Grenzen des Naturerkennens aufzusuchen, und beantworte zunächst die Frage, was Naturerkennen sei.

Naturerkennen — genauer gesagt naturwissenschaftliches Erkennen oder Erkennen der Körperwelt mit Hülfe und im Sinne der theoretischen Naturwissenschaft — ist Zurückführen der Veränderungen in der Körperwelt auf Bewegungen von Atomen, die durch deren von der Zeit unabhängige Centralkräfte bewirkt werden, oder Auflösung der Naturvorgänge in Mechanik der Atome. Es ist psychologische Erfahrungsthatsache, dass, wo solche Auflösung gelingt, unser Causalitätsbedürfniss vorläufig sich befriedigt fühlt. Die Sätze der Mechanik sind mathematisch darstellbar, und tragen in sich dieselbe apodiktische Gewissheit, wie die Sätze der Mathematik. Indem die Veränderungen in der Körperwelt auf eine constante Summe potentieller und kinetischer Energie, welche einer constanten Menge von Materie anhaftet, zurückgeführt werden, bleibt in diesen Veränderungen selber nichts zu erklären übrig.

KANT's Behauptung in der Vorrede zu den *Metaphysischen Anfangsgründen der Naturwissenschaft*, „dass in „jeder besonderen Naturlehre nur so viel eigentliche „Wissenschaft angetroffen werden könne, als darin

„Mathematik anzutreffen sei“ — ist also vielmehr noch dahin zu verschärfen, dass für Mathematik Mechanik der Atome gesetzt wird. Sichtlich dies meinte er selber, als er der Chemie den Namen einer Wissenschaft absprach, und sie unter die Experimentallehren verwies. Es ist nicht wenig merkwürdig, dass in unserer Zeit die Chemie, indem sie durch Entdeckung der Substitution gezwungen wurde, den elektrochemischen Dualismus aufzugeben, sich von dem Ziel, eine Wissenschaft in diesem Sinne zu werden, scheinbar wieder weiter entfernt hat.

Denken wir uns alle Veränderungen in der Körperwelt in Bewegungen von Atomen aufgelöst, die durch deren constante Centralkräfte bewirkt werden, so wäre das Weltall naturwissenschaftlich erkannt. Der Zustand der Welt während eines Zeitdifferentiales erschiene als unmittelbare Wirkung ihres Zustandes während des vorigen und als unmittelbare Ursach ihres Zustandes während des folgenden Zeitdifferentiales. Gesetz und Zufall wären nur noch andere Namen für mechanische Nothwendigkeit. Ja es lässt eine Stufe der Naturerkenntniss sich denken, auf welcher der ganze Weltvorgang durch Eine mathematische Formel vorgestellt würde, durch Ein unermessliches System simultaner Differentialgleichungen, aus dem sich Ort, Bewegungsrichtung und Geschwindigkeit jedes Atomes im Weltall zu jeder Zeit ergäbe. „Ein

„Geist“, sagt LAPLACE, „der für einen gegebenen Augen„blick alle Kräfte kennte, welche in der Natur wirksam „sind, und die gegenseitige Lage der Wesen, aus denen „sie besteht, wenn sonst er umfassend genug wäre, um „diese Angaben der Analysis zu unterwerfen, würde in „derselben Formel die Bewegungen der grössten Welt„körper und des leichtesten Atoms begreifen: nichts „wäre ungewiss für ihn, und Zukunft wie Vergangenheit „wäre seinem Blicke gegenwärtig. Der menschliche Ver„stand bietet in der Vollendung, die er der Astronomie „zu geben gewusst hat, ein schwaches Abbild solchen „Geistes dar.“[1]

In der That, wie der Astronom nur der Zeit in den Mondgleichungen einen gewissen negativen Werth zu ertheilen braucht, um zu ermitteln, ob, als PERIKLES nach Epidaurus sich einschiffte, die Sonne für den Piraeeus verfinstert ward, so könnte der von LAPLACE gedachte Geist durch geeignete Discussion seiner Weltformel uns sagen, wer die Eiserne Maske war oder wie der „President“ zu Grunde ging. Wie der Astronom den Tag vorhersagt, an dem nach Jahren ein Komet aus den Tiefen des Weltraumes am Himmelsgewölbe wieder auftaucht, so läse jener Geist in seinen Gleichungen den Tag, da das griechische Kreuz von der Sophienmoschee blitzen oder da England seine letzte Steinkohle verbrennen wird. Setzte er in der Weltformel $t = -\infty$, so enthüllte sich ihm der räthselhafte Urzustand der Dinge. Er sähe im unendlichen Raume die Materie bereits entweder bewegt oder ungleich vertheilt, da bei gleicher Vertheilung das labile Gleichgewicht nie gestört worden wäre. Liesse er t im positiven Sinn unbegrenzt wachsen, so erführe er, ob CARNOT's Satz erst nach unendlicher oder schon nach endlicher Zeit das Weltall mit eisigem Stillstande bedroht. Solchem Geiste wären die Haare auf unserem Haupte gezählt, und ohne sein Wissen fiele kein Sperling zur Erde. Ein vor- und rückwärts gewandter Prophet, wäre ihm, wie schon D'ALEMBERT in der Einleitung zur Encyklopaedie, LAPLACE's Gedanken im Keime hegend, es ausdrückte, „das Weltganze nur „eine einzige Thatsache und Eine grosse Wahrheit“.[2]

Auch bei LEIBNIZ findet der LAPLACE'sche Gedanke sich schon, ja gewissermaassen weiter entwickelt als bei LAPLACE selber, insofern LEIBNIZ jenen Geist auch mit Sinnen und mit technischem Vermögen von entsprechender Vollkommenheit ausgestattet sich denkt. BAYLE hatte gegen die Lehre von der praestabilirten Harmonie eingewendet, sie mache für den menschlichen Körper eine Voraussetzung ähnlich der eines Schiffes, das durch eigene Kraft dem Hafen zusteure. LEIBNIZ erwiedert, dies sei gar nicht so unmöglich, wie BAYLE meine. „Es „ist kein Zweifel“, sagt er, „dass ein Mensch eine Ma„schine machen könnte, fähig einige Zeit in einer Stadt

„sich umher zu bewegen und genau an gewissen Strassen„ecken einzulenken. Ein unvergleichlich vollkommnerer, „obwohl beschränkter Geist könnte auch eine unvergleichlich „grössere Anzahl von Hindernissen vorhersehen und ihnen „ausweichen. So wahr ist dies, dass wenn, wie Einige „glauben, diese Welt nur aus einer endlichen Anzahl „nach den Gesetzen der Mechanik sich bewegender Atome „bestände, es gewiss ist, dass ein endlicher Geist erhaben „genug sein könnte, um Alles, was zu bestimmter Zeit ‚darin geschehen muss, zu begreifen und mit mathema„tischer Gewissheit vorherzusehen; so dass dieser Geist „nicht nur ein Schiff bauen könnte, das von selber einem „gegebenen Hafen zusteuerte, wenn ihm einmal die ge„hörige innere Kraft und die Richtung ertheilt wäre, „sondern er könnte sogar einen Körper bilden, der die „Handlungen eines Menschen nachahmte“.[3]

Es braucht nicht gesagt zu werden, dass der menschliche Geist von dieser vollkommenen Naturerkenntniss stets weit entfernt bleiben wird. Um den Abstand zu zeigen, der uns sogar von deren ersten Anfängen trennt, genügt Eine Bemerkung. Ehe die Differentialgleichungen der Weltformel angesetzt werden könnten, müssten alle Naturvorgänge auf Bewegungen eines substantiell unterschiedslosen, mithin eigenschaftslosen Substrates dessen zurückgeführt sein, was uns als verschiedenartige Materie erscheint, mit anderen Worten, alle Qualität müsste aus Anordnung und Bewegung solchen Substrates erklärt sein.

Dies ist völlig im Einklange mit der Lehre von den Sinnen. Allem Ermessen nach leiten Sinnesorgane und -Nerven den zugehörigen Hirnprovinzen oder, wie Joh. Müller sie nannte, den Sinnsubstanzen schliesslich einerlei Bewegung zu. Wie in dem von Hrn. Bidder ersonnenen, Hrn. Vulpian gelungenen Versuch am Tast- und Muskelnerven der Zunge Empfindungs- und Bewegungsfasern so mit einander verheilen, dass Erregung von Fasern der einen Art durch die Narbe auf Fasern der anderen Art übergeht, so würden, wäre der Versuch möglich, vollends Fasern verschiedener Sinnesnerven mit einander verschmelzen. Bei über's Kreuz verheilten Seh- und Hörnerven hörten wir mit dem Auge den Blitz als Knall, und sähen mit dem Ohre den Donner als Reihe von Lichteindrücken.[4] Die Sinnesempfindung als solche entsteht also erst in den Sinnsubstanzen. Diese Substanzen sind es, welche die in allen Nerven gleichartige Erregung überhaupt erst in Sinnesempfindung übersetzen, und dabei je nach ihrer Natur, als Träger der „specifischen Energien“ Joh. Müller's, die Qualität erzeugen. Das mosaische: Es ward Licht, ist physiologisch falsch. Licht ward erst, als der erste rothe Augenpunkt eines Infusoriums zum ersten Male Hell und Dunkel unterschied. Ohne Seh- und ohne Gehörsinnsubstanz wäre diese farbenglühende, tönende Welt um uns her finster und stumm.

Und stumm und finster an sich, d. h. eigenschaftslos, wie sie aus der subjectiven Zergliederung hervorgeht, ist die Welt auch für die durch objective Betrachtung gewonnene mechanische Anschauung, welche statt Schalles und Lichtes nur Schwingungen eines eigenschaftslosen, dort zur wägbaren, hier zur unwägbaren Materie gewordenen Urstoffes kennt.

Aber wie wohlbegründet diese Vorstellungen im Allgemeinen auch sind, zu ihrer Durchführung im Einzelnen fehlt noch so gut wie Alles. Der Stein der Weisen, der die heute noch unzerlegten Stoffe ineinander umwandelte und aus einem höheren Grundstoffe, wenn nicht dem Urstoffe selber, erzeugte, müsste gefunden sein, ehe die ersten Vermuthungen über Entstehung scheinbar verschiedenartiger aus in Wirklichkeit unterschiedsloser Materie möglich würden.

Obschon der menschliche Geist von dem von Laplace gedachten Geiste stets weit entfernt bleiben wird, ist er doch nur stufenweise davon verschieden, etwa wie eine bestimmte Ordinate einer Curve von einer zwar ausnehmend viel grösseren, jedoch noch endlichen Ordinate derselben Curve. Wir gleichen diesem Geist, denn wir begreifen ihn. Ja es ist die Frage, ob nicht ein Geist wie Newton's von dem von Laplace gedachten Geiste sich weniger unterscheidet, als der Geist eines Australnegers oder eines Pescheräh's vom Geiste NEWTON's. Mit anderen Worten, die Unmöglichkeit, die Differentialgleichungen der Weltformel aufzustellen, zu integriren und das Ergebniss zu discutiren, ist keine grundsätzliche, sondern beruht auf der Unmöglichkeit, die nöthigen thatsächlichen Bestimmungen zu erlangen, und, selbst wenn dies möglich wäre, auf deren unermesslicher Ausdehnung, Mannigfaltigkeit und Verwickelung.

Die Naturerkenntniss, welche der von LAPLACE gedachte Geist besässe, stellt somit die höchste denkbare Stufe unseres eigenen Naturerkennens vor. Wir können deshalb jene Erkenntniss bei der Untersuchung über die Grenzen dieses Erkennens zu Grunde legen. Was bei ihr unerkannt bliebe, das wird unserem in so viel engeren Schranken eingeschlossenen Geiste vollends verborgen bleiben.

Zwei Stellen sind es nun, wo auch der von LAPLACE gedachte Geist vergeblich weiter vorzudringen trachten würde, vollends wir stehen zu bleiben gezwungen sind.

Erstens nämlich ist daran zu erinnern, dass das Naturerkennen, welches vorher als unser Causalitätsbedürfniss vorläufig befriedigend bezeichnet wurde, in Wahrheit dies nicht thut, und kein Erkennen ist. Die Vorstellung, wonach die Welt aus stets dagewesenen und unvergänglichen kleinsten Theilen besteht, deren Centralkräfte alle

Bewegung erzeugen, ist gleichsam nur Surrogat einer Erklärung. Sie führt, wie bemerkt, alle Veränderungen in der Körperwelt auf eine constante Summe von Kräften und eine constante Menge von Materie zurück, und lässt an den Veränderungen selber also nichts zu erklären übrig. Bei dem gegebenen Dasein jenes Constanten können wir, der gewonnenen Einsicht froh, eine Zeit lang uns beruhigen; bald aber verlangen wir tiefer einzudringen, und es selber seinem Wesen nach zu begreifen. Da ergiebt sich denn bekanntlich, dass zwar innerhalb bestimmter Grenzen die atomistische Vorstellung für den Zweck unserer physikalisch-mathematischen Ueberlegungen brauchbar, ja unentbehrlich ist, dass sie aber, wenn die Grenzen der an sie zu stellenden Forderungen überschritten werden, als Corpuscular-Philosophie in unlösliche Widersprüche führt.

Ein physikalisches Atom, d. i. eine im Vergleich zu den Körpern, mit denen wir Umgang haben, verschwindend klein gedachte, ihres Namens ungeachtet in der Idee aber noch theilbare Masse, der Eigenschaften oder ein Bewegungszustand zugeschrieben werden, mittels welcher das Verhalten einer aus unzähligen solchen Atomen bestehenden Masse sich erklärt, ist eine in sich folgerichtige und unter Umständen nützliche Fiction der mathematischen Physik. Doch wird auch deren Gebrauch neuerlich möglichst vermieden, indem man statt auf discrete Atome, auf Volumelemente der continuirlich gedachten Körper zurückgeht.[5]

Ein philosophisches Atom dagegen, d. h. eine angeblich nicht weiter theilbare Masse trägen wirkungslosen Substrates, von der durch den leeren Raum in die Ferne wirkende Kräfte ausgehen, ist bei näherer Betrachtung ein Unding.

Denn soll das nicht weiter theilbare, träge, an sich unwirksame Substrat wirklichen Bestand haben, so muss es einen gewissen, noch so kleinen Raum erfüllen. Dann ist nicht zu begreifen, warum es nicht weiter theilbar sei. Auch kann es den Raum nur erfüllen, wenn es vollkommen hart ist, d. h. indem es durch eine an seiner Grenze auftretende, aber nicht darüber hinauswirkende abstossende Kraft, welche alsbald grösser wird als jede gegebene Kraft, gegen Eindringen eines anderen Körperlichen in denselben Raum sich wehrt. Abgesehen von anderen Schwierigkeiten, welche hieraus entspringen, ist das Substrat alsdann kein wirkungsloses mehr.

Denkt man sich umgekehrt mit den Dynamisten als Substrat nur den Mittelpunkt der Centralkräfte, so erfüllt das Substrat den Raum nicht mehr, denn der Punkt ist die im Raume vorgestellte Negation des Raumes. Dann ist nichts mehr da, wovon die Centralkräfte ausgehen, und was träg sein könnte, gleich der Materie.

Durch den leeren Raum in die Ferne wirkende Kräfte sind an sich unbegreiflich, ja widersinnig, und erst seit NEWTON's Zeit, durch Missverstehen seiner Lehre und gegen seine ausdrückliche Warnung, den Naturforschern eine geläufige Vorstellung geworden. Denkt man sich mit DESCARTES und LEIBNIZ den ganzen Raum erfüllt, und alle Bewegung durch Uebertragung in Berührungsnähe erzeugt, so ist zwar das Entstehen der Bewegung auf ein unserer sinnlichen Anschauung entlehntes Bild zurückgeführt, aber es stellen sich andere Schwierigkeiten ein. Unter Anderem ist es bei dieser Vorstellung unmöglich, die verschiedene Dichte der Körper aus verschiedener Zusammenfügung des gleichartigen Urstoffes zu erklären.

Es ist leicht, den Ursprung dieser Widersprüche aufzudecken. Sie wurzeln in unserem Unvermögen, etwas anderes als mit unseren äusseren Sinnen entweder, oder mit unserem inneren Sinn Erfahrenes uns vorzustellen. Bei dem Bestreben, die Körperwelt zu zergliedern, gehen wir aus von der Theilbarkeit der Materie, da sichtlich die Theile etwas einfacheres und ursprünglicheres sind, als das Ganze. Fahren wir in Gedanken mit Theilung der Materie in's Unendliche fort, so bleiben wir mit unserer Anschauung in dem uns angewiesenen Geleise, und fühlen uns in unserem Denken unbehindert. Zum Verständniss der Dinge aber thun wir keinen Schritt, da wir in der That nur das im Bereiche des Grossen und Sichtbaren Erscheinende auch im Bereiche des Kleinen und Unsichtbaren uns vorgestellt haben. Wir kommen so zum Begriffe des physikalischen Atoms. Hören wir nun irgendwo willkürlich mit der Theilung bei angeblichen philosophischen Atomen auf, die nicht weiter theilbar, vollkommen hart und überdies an sich wirkungslos und nur Träger der Centralkräfte sein sollen, so verlangen wir von einer Materie, die wir uns unter dem Bilde der Materie denken, mit der wir Umgang haben, ohne dass wir irgend ein neues Erklärungsprincip einführen, dass sie neue, ursprüngliche, das Wesen der Körper aufklärende Eigenschaften entfalte. So begehen wir den Fehler, der in den vorher blossgelegten Widersprüchen sich offenbart.[6]

Niemand, der etwas tiefer nachgedacht hat, verkennt die transcendente Natur des Hindernisses, das sich uns hier entgegenstellt. Wie man es auch zu umgehen versuche, in der einen oder anderen Form stösst man immer darauf. Von welcher Seite, unter welcher Deckung man ihm sich nähere, man erfährt seine Unbesiegbarkeit. Die alten ionischen Physiologen standen davor nicht rathloser als wir. Alle Fortschritte der Naturwissenschaft haben nichts dawider vermocht, alle ferneren werden dawider nichts fruchten. Nie werden wir besser als heute wissen, was, wie Paul Erman zu sagen pflegte, „hier“, wo Materie ist, „im Raume spukt“. Denn sogar der von Laplace gedachte, über den unseren so weit erhabene Geist würde in diesem Punkte nicht klüger sein als wir, und daran erkennen wir verzweifelnd, dass wir hier an der einen Grenze unseres Witzes stehen.

Sehen wir aber von dieser ursprünglichen Schranke ab, setzen wir Materie und Kraft als gegeben und bekannt voraus, so ist in der Idee, wie gesagt, die Körperwelt verständlich. Von dem Urzustand eines kreisenden Nebelballes führt die von Hrn. Helmholtz an der Hand der mechanischen Wärmetheorie weiter entwickelte Kant'sche Hypothese[7] zur Einsicht in die Entstehung unseres Planetensystems. Schon sehen wir unsere Erde als feurig flüssigen Tropfen mit einer Atmosphäre unfassbarer Beschaffenheit in ihrer Bahn rollen. Wir sehen sie im Lauf unermesslicher Zeiträume mit einer Schale erstarrenden Urgesteines sich umgeben, Meer und Veste sich scheiden, den Granit durch heisse kohlensaure Wolkenbrüche zerfressen das Material zu kalihaltigen Erdschichten liefern, und schliesslich Bedingungen entstehen, unter denen Leben möglich ward.

Wo und in welcher Form es zuerst erschien, ob auf tiefem Meeresboden als Bathybius-Urschleim, oder unter Mitwirkung der noch mehr ultraviolette Strahlen entsendenden Sonne bei noch höherem partiärem Drucke der Kohlensäure in der Atmosphäre, wer sagt es je? Aber der von LAPLACE gedachte Geist im Besitze der Weltformel könnte es sagen. Denn beim Zusammentreten unorganischer Stoffe zu Lebendigem handelt es sich zunächst nur um Bewegung, um Anordnung von Molecülen in mehr oder minder festen Gleichgewichtslagen, und um Einleitung eines Stoffwechsels theils durch Spannkräfte der Molecüle, theils durch von aussen überkommene Bewegung. Was das Lebende vom Todten, die Pflanze und das nur in seinen körperlichen Functionen betrachtete Thier vom Krystall unterscheidet, ist zuletzt dieses: im Krystall befindet sich die Materie in stabilem Gleichgewichte, während durch das organische Wesen ein Strom von Materie sich ergiesst, die Materie darin in mehr oder minder vollkommenem dynamischen Gleichgewichte[8] sich befindet, mit bald positiver, bald der Null gleicher, bald negativer Bilanz. Daher ohne Einwirkung äusserer Massen und Kräfte der Krystall ewig bleibt was er ist, dagegen das organische Wesen in seinem Bestehen von gewissen äusseren Bedingungen, den integrirenden Reizen der älteren Physiologie, abhängt, in sich potentielle Energie in kinetische verwandelt und umgekehrt, und einem bestimmten zeitlichen Verlauf unterworfen ist. Ohne grundsätzliche Verschiedenheit der Kräfte im Krystall und im organischen Wesen erklärt sich so, dass beide miteinander incommensurabel sind, wie ein blosses Bauwerk incommensurabel ist mit einer Fabrik, in die hier Kohle, Wasser, Rohstoffe, aus welcher dort Kohlensäure, Wassergas, Rauch, Asche und Erzeugnisse ihrer Maschinen strömen. Das Bauwerk kann man sich aus lauter dem Ganzen ähnlichen Theilen so gefügt vorstellen, dass es gleich dem Krystall in ähnliche Theile spaltbar ist; die Fabrik ist gleich dem organischen Wesen, wenn wir von dessen Aufbau aus Zellen und der Theilbarkeit mancher Organismen absehen, ein Individuum.

Es ist daher ein Missverständniss, im ersten Erscheinen lebender Wesen auf Erden etwas Supernaturalistisches, etwas Anderes zu sehen, als ein überaus schwieriges mechanisches Problem. Von den beiden Irrthümern, auf die ich hinweisen wollte, ist dies der eine. Nicht hier ist die andere Grenze des Naturerkennens; hier nicht mehr als in der Krystallbildung. Könnten wir die Bedingungen herstellen, unter denen organische Wesen einst entstanden, wie wir dies für gewisse, keinesweges für sämmtliche Krystalle können, so würden nach dem Principe des Actualismus[9] wie damals auch heute noch organische Wesen entstehen. Sollte es aber auch nie gelingen, Urzeugung zu beobachten, geschweige sie im Versuch herbeizuführen, so wäre doch hier kein unbedingtes Hinderniss. Wären uns Materie und Kraft verständlich, die Welt hörte nicht auf begreiflich zu sein, auch wenn wir uns jetzt die Erde von ihrem aequatorialen Smaragdgürtel bis zu den letzten flechtengrauen Polarklippen mit der üppigsten Fülle von Pflanzenleben überwuchert denken, gleichviel welchen Antheil an der Gestaltung des Pflanzenreiches man organischen Bildungsgesetzen, welchen der natürlichen Zuchtwahl einräume. Nur die zur Befruchtung vieler Pflanzen jetzt als unentbehrlich erkannte Beihülfe der Insectenwelt müssen wir aus Gründen, die bald einleuchten werden, in dieser Betrachtung bei Seite lassen. Im Uebrigen bietet das reichste, von Bernardin de St. Pierre, von Humboldt oder Pöppig entworfene Naturgemälde eines tropischen Urwaldes dem Blicke der theoretischen Naturforschung schlechterdings nichts dar, als bewegte Materie. Es ist dies, wie mir scheint, eine neue und sehr einfache Form, die man dem Beweis ertheilen kann, dass es keine Lebenskraft im Sinne der Vitalisten giebt.

Allein es tritt nunmehr, an irgend einem Punkte der Entwickelung des Lebens auf Erden, den wir nicht kennen und auf den es hier nicht ankommt, etwas Neues, bis dahin Unerhörtes auf, etwas wiederum, gleich dem Wesen von Materie und Kraft, Unbegreifliches. Der in negativ unendlicher Zeit angesponnene Faden des Verständnisses zerreisst, und unser Naturerkennen gelangt an eine Kluft, über die kein Steg, kein Fittig trägt: wir stehen an der anderen Grenze unseres Witzes.

Dies neue Unbegreifliche ist das Bewusstsein. Ich werde jetzt, wie ich glaube in sehr zwingender Weise, darthun, dass nicht allein bei dem heutigen Stand unserer Kenntniss das Bewusstsein aus seinen materiellen Bedingungen nicht erklärbar ist, was wohl jeder zugiebt, sondern das es auch der Natur der Dinge nach aus diesen Bedingungen nie erklärbar sein wird. Die entgegengesetzte Meinung, dass nicht alle Hoffnung aufzugeben sei, das Bewusstsein aus seinen materiellen Bedingungen zu begreifen, dass dies vielmehr im Laufe der Jahrhunderte oder Jahrtausende dem alsdann in ungeahnte Reiche der Erkenntniss vorgedrungenen Menschengeiste wohl gelingen könne: dies ist der zweite Irrthum, dessen Bekämpfung ich mir in diesem Vortrage vorgesetzt habe.

Ich gebrauche dabei absichtlich den Ausdruck „Bewusstsein“, weil es hier nur um die Thatsache eines geistigen Vorganges irgend einer, sei es der niedersten Art, sich handelt. Man braucht nicht Watt sein Parallelogramm erdenkend, nicht Shakspeare, Raphael, Mozart in der wunderbarsten ihrer Schöpfungen begriffen sich vorzustellen, um das Beispiel eines aus seinen materiellen Bedingungen unerklärbaren geistigen Vorganges zu haben. Wie die gewaltigste und verwickelteste Muskelleistung eines Menschen oder Thieres im Wesentlichen nicht dunkler ist, als einfache Zuckung eines einzelnen Primitivmuskelbündels;[10] wie die einzelne Secretionszelle das ganze Räthsel der Absonderung birgt: so ist auch die erhabenste Seelenthätigkeit aus materiellen Bedingungen in der Hauptsache nicht unbegreiflicher, als das Bewusstsein auf seiner ersten Stufe, der Sinnesempfindung. Mit der ersten Regung von Behagen oder Schmerz, die im Beginn des thierischen Lebens auf Erden ein einfachstes Wesen empfand, ist jene unübersteigliche Kluft gesetzt, und die Welt nunmehr doppelt unbegreiflich geworden.

Ueber wenig Gegenstände ist anhaltender nachgedacht, mehr geschrieben, leidenschaftlicher gestritten worden, als über die Verbindung von Leib und Seele im Menschen. Alle philosophischen Schulen, dazu die Kirchenväter, haben darüber ihre Lehrmeinungen gehabt. Der neueren Philosophie liegt diese Frage ferner; um so reicher sind deren Anfänge im siebzehnten Jahrhundert an Theorien über die Wechselwirkung von Materie und Geist.

Descartes selber hatte sich die Möglichkeit, diese Wechselwirkung zu begreifen, durch zwei Aufstellungen vorweg abgeschnitten. Erstens behauptete er, dass Körper und Geist verschiedene Substanzen, durch Gottes Allmacht vereinigt, seien, welche, da der Geist als unkörperlich keine Ausdehnung habe, nur in Einem Punkte, nämlich in der sogenannten Zirbeldrüse des Gehirns, einander berühren.[11] Er behauptete zweitens, dass die im Weltall vorhandene Bewegungsgrösse beständig sei.[12] Je sicherer daraus die Unmöglichkeit zu folgen scheint, dass die Seele Bewegung der Materie erzeuge, um so mehr erstaunt man, wenn nun DESCARTES, um die Willensfreiheit zu retten, die Seele einfach die Zirbeldrüse in dem nöthigen Sinne bewegen lässt, damit die thierischen Geister, wir würden sagen das Nervenprincip, den richtigen Muskeln zuströmen. Umgekehrt die durch Sinneseindrücke erregten thierischen Geister bewegen die Zirbeldrüse, und die mit dieser verbundene Seele merkt die Bewegung.[13]

DESCARTES' unmittelbare Nachfolger, CLAUBERG[14], MALEBRANCHE[15], GEULINCX[16], bemühen sich, einen so offenbaren Missgriff zu verbessern. Sie halten fest an der Unmöglichkeit einer Wechselwirkung von Geist und Materie, als zweier verschiedenen Substanzen. Um aber zu verstehen, wie dennoch die Seele den Körper bewege und von ihm erregt werde, nehmen sie an, dass das Wollen der Seele Gott veranlasse, den Körper jedesmal nach Wunsch der Seele zu bewegen. Umgekehrt die Sinneseindrücke veranlassen Gott, die Seele jedesmal in Uebereinstimmung damit zu verändern. Die *Causa efficiens* der Veränderungen des Körpers durch die Seele und umgekehrt ist also stets nur Gott; das Wollen der Seele und die Sinneseindrücke sind nur die *Causae occasionales* für die unaufhörlich erneuten Eingriffe seiner Allmacht.

Leibniz endlich pflegte dies Problem mittels des, wie es scheint, ursprünglich von Geulincx herrührenden Bildes zweier Uhren zu erläutern, die gleichen Gang zeigen sollen.[17] Auf dreierlei Art, sagt er, könne dies geschehen. Erstens können beide Uhren durch Schwingungen, die sie einer gemeinsamen Befestigung mittheilen, einander so beeinflussen, dass ihr Gang derselbe werde, wie dies Huyghens beobachtet habe, und wie es im Anfange dieses Jahrhunderts Breguet sogar angewendet hat, um den Gang jeder der beiden Uhren gleichförmiger zu machen.[18] Zweitens könne stets die eine Uhr gestellt werden, um sie in gleichem Gange mit der anderen zu erhalten. Drittens könne von vorn herein der Künstler so geschickt gewesen sein, dass er beide Uhren, obschon ganz unabhängig von einander, gleich gehend gemacht habe. Zwischen Leib und Seele sei die erste Art der Verbindung anerkannt unmöglich. Die zweite, der occasionalistischen Lehre entsprechende, sei Gottes unwürdig, den sie als *Deus ex machina* verwende. So bleibe nur die dritte übrig, in der man Leibniz' eigene Lehre der praestabilirten Harmonie wiedererkennt.

Allein diese und ähnliche Betrachtungen sind in den

Augen der neueren Naturforschung entwerthet und der Wirkung auf die heutigen Ansichten beraubt durch die dualistische Grundlage, auf welche sie, gemäss ihrem halb theologischen Ursprunge, gleich anfangs sich stellen. Ihre Urheber gehen aus von der Annahme einer vom Körper unbedingt verschiedenen geistigen Substanz, der Seele, deren Verbindung mit dem Körper sie untersuchen. Sie finden, dass eine Verbindung beider Substanzen nur durch ein Wunder möglich ist, und dass, auch nach diesem ersten Wunder, ein ferneres Zusammengehen beider Substanzen nicht anders stattfinden kann, als wiederum durch ein entweder stets erneutes oder seit der Schöpfung fortwirkendes Wunder. Diese Folge nun geben sie für eine neue Einsicht aus, ohne hinreichend zu prüfen, ob nicht sie selber vielleicht sich die Seele erst so zurechtgemacht haben, dass eine Wechselwirkung zwischen ihr und dem Körper undenkbar ist. Mit Einem Wort, der gelungenste Beweis, dass keine Wechselwirkung von Körper und Seele möglich sei, lässt dem Zweifel Raum, ob nicht die Praemissen willkürlich seien, und ob nicht Bewusstsein einfach als Wirkung der Materie gedacht und vielleicht begriffen werden könne. Für den Naturforscher muss daher der Beweis, dass die geistigen Vorgänge aus ihren materiellen Bedingungen nie zu begreifen sind, unabhängig von jeder Voraussetzung über den Urgrund jener Vorgänge geführt werden.

Ich nenne astronomische Kenntniss eines materiellen Systemes solche Kenntniss aller seiner Theile, ihrer gegenseitigen Lage und ihrer Bewegung, dass ihre Lage und Bewegung zu irgend einer vergangenen und zukünftigen Zeit mit derselben Sicherheit berechnet werden kann, wie Lage und Bewegung der Himmelskörper bei vorausgesetzter unbedingter Schärfe der Beobachtungen und Vollendung der Theorie. Um die Differentialgleichungen anzusetzen, deren Integration die gewünschten Bestimmungen liefert, genügen gleichsam drei Positionen der Theile des Systemes, d. h. es ist nöthig und zureichend, dass in drei aufeinanderfolgenden, durch zwei Zeitdifferentiale getrennten Augenblicken die Lage der Theile des Systemes bekannt sei. Aus dem Unterschiede der in den gleichen, unendlich kleinen Zeiträumen durchlaufenen, nach den drei Axen zerlegten Wege folgen dann die auf das System und die in ihm wirkenden Kräfte.

Astronomische Kenntniss eines materiellen Systemes ist bei unserer Unfähigkeit, Materie und Kraft zu begreifen, die vollkommenste Kenntniss, die wir davon erlangen können. Es ist die, wobei unser Causalitätstrieb sich zu beruhigen gewohnt ist, und welche der von Laplace gedachte Geist selber bei gehörigem Gebrauche seiner Weltformel von dem Systeme besitzen würde.

Denken wir uns nun, wir hätten es zur astronomischen Kenntniss eines Muskels, einer Drüse, eines elektrischen oder Leucht-Organes im gereizten Zustande, einer Flimmerzelle, einer Pflanze, des Eies in Berührung mit dem Samen, der Frucht auf irgend einer Stufe der Entwickelung gebracht. Alsdann besässen wir also von diesen materiellen Systemen die vollkommenste mögliche Kenntniss, unser Causalitätstrieb wäre soweit befriedigt, dass wir nur noch verlangten, das Wesen von Materie und Kraft selber zu begreifen. Muskelverkürzung, Absonderung in der Drüse, Schlag des elektrischen, Leuchten des Leucht-Organes, Flimmerbewegung, Wachsthum und Chemismus der Zellen in der Pflanze, Befruchtung und Entwickelung des Eies: alle diese jetzt hoffnungslos dunklen Vorgänge wären uns so durchsichtig, wie die Bewegungen der Planeten.

Machen wir dagegen dieselbe Voraussetzung astronomischer Kenntniss für das Gehirn des Menschen, oder auch nur für das Seelenorgan des niedersten Thieres, dessen geistige Thätigkeit auf Empfinden von Lust und Unlust sich beschränken mag, so wird zwar in Bezug auf alle darin stattfindenden materiellen Vorgänge unser Erkennen ebenso vollkommen sein und unser Causalitätstrieb ebenso befriedigt sich fühlen, wie in Bezug auf Zuckung oder Absonderung bei astronomischer Kenntniss von Muskel oder Drüse. Die unwillkürlichen und nicht nothwendig mit Empfindung verbundenen Wirkungen der Centraltheile, Reflexe, Mitbewegung, Athembewegungen, Tonus, der Stoffwechsel des Gehirnes und Rückenmarkes u. d. m. wären erschöpfend erkannt. Auch die mit geistigen Vorgängen der Zeit nach stets, also wohl nothwendig zusammenfallenden Vorgänge wären ebenso vollkommen durchschaut. Und es wäre natürlich ein hoher Triumph, wenn wir zu sagen wüssten, dass bei einem bestimmten geistigen Vorgang in bestimmten Ganglienkugeln und Nervenröhren eine bestimmte Bewegung bestimmter Atome stattfinde. Es wäre grenzenlos interessant, wenn wir so mit geistigem Auge in uns hineinblickend die zu einem Rechenexempel gehörige Hirnmechanik sich abspielen sähen wie die Mechanik einer Rechenmaschine; oder wenn wir auch nur wüssten, welcher Tanz von Kohlenstoff-, Wasserstoff-, Stickstoff-, Sauerstoff-, Phosphor- und anderen Atomen der Seligkeit musikalischen Empfindens, welcher Wirbel solcher Atome dem Gipfel sinnlichen Geniessens, welcher Molecularsturm dem wüthenden Schmerz beim Misshandeln des *N. trigeminus* entspricht. Die Art des geistigen Vergnügens, welche die durch Hrn. Fechner geschaffenen Anfänge der Psychophysik oder Hrn. Donders' Messungen der Dauer einfacherer Seelenhandlungen uns bereiten, lässt uns ahnen, wie solche unverschleierte Einsicht in die materiellen Bedingungen geistiger Vorgänge uns erbauen würde.

Was aber die geistigen Vorgänge selber betrifft,

so zeigt sich, dass sie bei astronomischer Kenntniss des Seelenorganes uns ganz ebenso unbegreiflich wären, wie jetzt. Im Besitze dieser Kenntniss ständen wir vor ihnen wie heute, als vor einem völlig Unvermittelten. Die astronomische Kenntniss des Gehirnes, die höchste, die wir davon erlangen können, enthüllt uns darin nichts als bewegte Materie. Durch keine zu ersinnende Anordnung oder Bewegung materieller Theilchen aber lässt sich eine Brücke in's Reich des Bewusstseins schlagen.

Bewegung kann nur Bewegung erzeugen, oder in potentielle Energie zurück sich verwandeln. Potentielle Energie kann nur Bewegung erzeugen, statisches Gleichgewicht erhalten, Druck oder Zug üben. Die Summe der Energie bleibt dabei stets dieselbe. Mehr als dies Gesetz bestimmt, kann in der Körperwelt nicht geschehen, auch nicht weniger; die mechanische Ursache geht rein auf in der mechanischen Wirkung. Die neben den materiellen Vorgängen im Gehirn einhergehenden geistigen Vorgänge entbehren also für unseren Verstand des zureichenden Grundes. Sie stehen ausserhalb des Causalgesetzes, und schon darum sind sie nicht zu verstehen, so wenig, wie ein *Mobile perpetuum* es wäre. Aber auch sonst sind sie unbegreiflich.

Es scheint zwar bei oberflächlicher Betrachtung, als könnten durch die Kenntniss der materiellen Vorgänge im Gehirne gewisse geistige Vorgänge und Anlagen uns verständlich werden. Ich rechne dahin das Gedächtniss, den Fluss und die Association der Vorstellungen, die Folgen der Uebung, die specifischen Talente u. d. m. Das geringste Nachdenken lehrt, dass dies Täuschung ist. Nur über gewisse innere Bedingungen des Geisteslebens, welche mit den äusseren durch die Sinneseindrücke gesetzten etwa gleichbedeutend sind, würden wir unterrichtet sein, nicht über das Zustandekommen des Geisteslebens durch diese Bedingungen.

Welche denkbare Verbindung besteht zwischen bestimmten Bewegungen bestimmter Atome in meinem Gehirn einerseits, andererseits den für mich ursprünglichen, nicht weiter definirbaren, nicht wegzuläugnenden Thatsachen: „Ich fühle Schmerz, fühle Lust; ich schmecke Süsses, rieche Rosenduft, höre Orgelton, sehe Roth,“ und der ebenso unmittelbar daraus fliessenden Gewissheit: „Also bin ich“? Es ist eben durchaus und für immer unbegreiflich, dass es einer Anzahl von Kohlenstoff-, Wasserstoff-, Stickstoff-, Sauerstoff- u. s. w. Atomen nicht sollte gleichgültig sein, wie sie liegen und sich bewegen, wie sie lagen und sich bewegten, wie sie liegen und sich bewegen werden. Es ist in keiner Weise einzusehen, wie aus ihrem Zusammenwirken Bewusstsein entstehen könne. Sollte ihre Lagerungs- und Bewegungsweise ihnen nicht gleichgültig sein, so müsste man sie sich nach Art der Monaden schon einzeln mit Bewusstsein ausgestattet denken. Weder wäre damit das Bewusstsein überhaupt erklärt, noch für die Erklärung des einheitlichen Bewusstseins des Individuums das Mindeste gewonnen.[19]

Dass es vollends unmöglich sei, und stets bleiben werde, höhere geistige Vorgänge aus der als bekannt vorausgesetzten Mechanik der Hirnatome zu verstehen, bedarf nicht der Ausführung. Doch ist, wie schon bemerkt, gar nicht nöthig, zu höheren Formen geistiger Thätigkeit zu greifen, um das Gewicht unserer Betrachtung zu vergrössern. Sie gewinnt gerade an Eindringlichkeit durch den Gegensatz zwischen der vollständigen Unwissenheit, in welcher astronomische Kenntniss des Gehirnes uns über das Zustandekommen auch der niedersten geistigen Vorgänge liesse, und der durch solche Kenntniss gewährten ebenso vollständigen Enträthselung der höchsten Probleme der Körperwelt. Ein aus irgend einem Grunde bewusstloses, z. B. ohne Traum schlafendes Gehirn enthielte, astronomisch durchschaut, kein Geheimniss mehr, und bei astronomischer Kenntniss auch des übrigen Körpers wäre so die ganze menschliche Maschine, mit ihrem Athmen, ihrem Herzschlag, ihrem Stoffwechsel, ihrer Wärme, u. s. f., bis auf das Wesen von Materie und Kraft, völlig entziffert. Der traumlos Schlafende ist begreiflich, wie die Welt, ehe es Bewusstsein gab. Wie aber mit der ersten Regung von Bewusstsein die Welt doppelt unbegreiflich ward, so wird es auch der Schläfer wieder mit dem ersten ihm dämmernden Traumbild.

Der unlösliche Widerspruch, in welchem die mechanische Weltanschauung mit der Willensfreiheit, und dadurch mittelbar mit der Ethik steht, ist sicher von grosser Bedeutung. Der Scharfsinn der Denker aller Zeiten hat sich daran erschöpft, und wird fortfahren, daran sich zu üben. Abgesehen davon, dass Freiheit sich läugnen lässt, Schmerz und Lust nicht, geht dem Begehren, welches den Anstoss zum Handeln und somit erst Gelegenheit zum Thun oder Lassen giebt, nothwendig Sinnesempfindung voraus. Es ist also das Problem der Sinnesempfindung, und nicht, wie ich einst sagte, das der Willensfreiheit, bis zu dem die analytische Mechanik führt.[20]

Damit ist die andere Grenze unseres Naturerkennens bezeichnet. Nicht minder als die erste ist sie eine unbedingte. Nicht mehr als im Verstehen von Kraft und Materie hat im Verstehen der Geistesthätigkeit aus materiellen Bedingungen die Menschheit seit zweitausend Jahren, trotz allen Entdeckungen der Naturwissenschaft, einen wesentlichen Fortschritt gemacht. Sie wird es nie. Selbst der von LAPLACE gedachte Geist mit seiner Weltformel gliche in seinen Anstrengungen, über diese Schranke sich fortzuheben, einem nach dem Monde trachtenden Luftschiffer. In seiner aus bewegter Materie aufgebauten

Welt regen sich zwar die Hirnatome wie in stummem Spiel. Er übersieht ihre Schaaren, er durchschaut ihre Verschränkungen, aber er versteht nicht ihre Geberde, sie denken ihm nicht, und deshalb bleibt, wie wir vorhin sahen, seine Welt eigenschaftslos.

An ihm haben wir das Maass unserer eigenen Befähigung oder vielmehr unserer Ohnmacht. Unser Naturerkennen ist also eingeschlossen zwischen den beiden Grenzen, welche einerseits die Unfähigkeit, Materie und Kraft, andererseits das Unvermögen, geistige Vorgänge aus materiellen Bedingungen zu begreifen, ihm ewig vorschreiben. Innerhalb dieser Grenzen ist der Naturforscher Herr und Meister, zergliedert er und baut er auf, und Niemand weiss, wo die Schranke seines Wissens und seiner Macht liegt; über diese Grenzen hinaus kann er nicht, und wird er niemals können.

Je unbedingter aber der Naturforscher die ihm gesteckten Grenzen anerkennt, und je demüthiger er in seine Unwissenheit sich schickt, um so tiefer fühlt er das Recht, mit voller Freiheit, unbeirrt durch Mythen, Dogmen und alterstolze Philosopheme, auf dem Wege der Induction seine eigene Meinung über die Beziehungen zwischen Geist und Materie sich zu bilden.

Er sieht in tausend Fällen materielle Bedingungen das Geistesleben beeinflussen. Seinem unbefangenen Blicke zeigt sich kein Grund zu bezweifeln, dass wirklich die Sinneseindrücke der sogenannten Seele sich mittheilen. Er sieht den menschlichen Geist gleichsam mit dem Gehirne wachsen, und, nach der empiristischen Ansicht, die wesentlichen Formen seines Denkens sogar erst durch äussere Wahrnehmungen sich aneignen. Er sieht ihn im Schlaf und Traum, in der Ohnmacht, im Rausch und der Narkose, im Fieberwahn und der Inanition, in der Manie, der Epilepsie, dem Blödsinn und der Mikrocephalie, in unzähligen krankhaften Zuständen abhängig von der dauernden oder vorübergehenden Beschaffenheit des Organes. Kein theologisches Vorurtheil hindert ihn wie DESCARTES, in den Thierseelen der Menschenseele verwandte, stufenweise minder vollkommene Glieder derselben Entwickelungsreihe zu erkennen. Vielmehr sieht er im Wirbelthierreiche die Hirntheile, welche auch physiologische Versuche und pathologische Erfahrungen als Träger höherer Geistesthätigkeiten bekunden, ihrer vergleichsweisen Entwickelung nach mit der Steigerung dieser Thätigkeiten gleichen Schritt halten. Wo von den anthropoiden Affen zum Menschen die geistige Befähigung den durch den Besitz der Sprache bezeichneten ungeheuren Sprung macht, findet sich ein entsprechender Sprung in der Hirnmasse vor. Die verschiedene Anordnung gleicher Elementartheile bei den Wirbellosen belehrt aber den Naturforscher, dass es hier wie bei anderen Organen weniger auf die Architektur, als auf die Structurelemente ankommt. Mit ehrfurchtsvollem Staunen betrachtet er das mikroskopische Klümpchen Nervensubstanz, welches der Sitz der arbeitsamen, baulustigen, ordnungsliebenden, pflichttreuen, tapferen Ameisenseele ist.[21] Endlich die Descendenz-Theorie im Verein mit der Lehre von der natürlichen Zuchtwahl drängt ihm die Vorstellung auf, dass die Seele als allmähliches Ergebniss gewisser materieller Combinationen entstanden, und vielleicht gleich anderen erblichen, im Kampf um's Dasein dem Einzelwesen nützlichen Gaben durch eine zahllose Reihe von Geschlechtern sich gesteigert und vervollkommnet habe.[22]

Wenn nun die alten Denker jede Wechselwirkung zwischen Leib und Seele, wie sie diese sich vorstellten, als unverständlich und unmöglich erkannten, und wenn nur durch praestabilirte Harmonie das Räthsel des dennoch stattfindenden Zusammengehens beider Substanzen zu lösen ist, so wird wohl die Vorstellung, die sie, in Schulbegriffen befangen, von der Seele sich machten, falsch gewesen sein. Die Nothwendigkeit einer der Wirklichkeit so offenbar zuwiderlaufenden Schlussfolge ist gleichsam ein apagogischer Beweis gegen die Richtigkeit der dazu führenden Voraussetzung. Bei seinem Gleichnisse von den beiden Uhren hat Leibniz, wie Hr. Fechner treffend bemerkt,[23] die vierte und einfachste Möglichkeit vergessen, nämlich die, dass vielleicht beide

Uhren, deren Zusammengehen erklärt werden soll, im Grunde nur eine sind. Ob wir die geistigen Vorgänge aus materiellen Bedingungen je begreifen werden, ist eine Frage ganz verschieden von der, ob diese Vorgänge das Erzeugniss materieller Bedingungen sind. Jene Frage kann verneint werden, ohne dass über diese etwas ausgemacht, geschweige auch sie verneint würde.

An der oben angeführten Stelle sagt LEIBNIZ, der dem menschlichen Geist unvergleichlich überlegene, aber endliche Geist, dem er Sinne und technisches Vermögen von entsprechender Vollkommenheit zuschreibt, könnte einen Körper bilden, der die Handlungen eines Menschen nachahmte. Dass er einen Menschen bilden könnte, sagt er nicht, weil in seinem Sinne dem Automaten von Fleisch und Bein, den er sich wie DESCARTES die Thiere seelenlos vorstellt, zum Menschen noch die mechanisch unfassbare Seelenmonade fehlt. Der Unterschied zwischen der LEIBNIZischen und unserer Anschauung wird hieran besonders klar. Man denke sich alle Atome, aus denen CAESAR in einem gegebenen Augenblick, am Rubicon etwa, bestand, durch mechanische Kunst mit einem Schlage jedes an seinen Ort gebracht, und mit seiner Geschwindigkeit im richtigen Sinne versehen. Nach unserer Anschauung wäre dann CAESAR geistig wie körperlich wieder hergestellt. Der künstliche CAESAR hätte im ersten Augenblicke dieselben Empfindungen, Strebungen, Vorstellungen wie sein Vorbild am Rubicon, und theilte mit ihm seine Gedächtnissbilder, ererbten und erworbenen Fähigkeiten u. s. f. Man denke sich das gleiche Kunststück im gleichen Augenblicke mit einer gleichen Zahl anderer Kohlenstoff-, Wasserstoff- u. s. w. Atome ein, zwei, mehrere Mal ausgeführt. Worin sonst unterschieden sich im ersten Augenblicke der neue CAESAR und seine Doppelgänger, als in dem Ort, an dem sie wären zusammengesetzt worden? Aber der von LEIBNIZ gedachte Geist, der den neuen CAESAR und seine mehreren SOSIA gebildet hätte, verstände gleichwohl nicht, wie die von ihm selber richtig angeordneten und im richtigen Sinne mit der richtigen Geschwindigkeit fortgeschnellten Atome deren Seelenthätigkeit vermitteln.

Man erinnert sich des kecken Ausspruches Hrn. CARL VOGT'S, der in den funfziger Jahren zu einer Art von Turnier um die Seele Anlass gab: „dass alle jene „Fähigkeiten, die wir unter dem Namen Seelenthätigkei- „ten begreifen, nur Functionen des Gehirns sind, oder, „um es einigermaassen grob auszudrücken, dass die Ge- „danken etwa in demselben Verhältnisse zum Gehirn „stehen, wie die Galle zu der Leber oder der Urin zu „den Nieren.“[24] Die Laien stiessen sich an diesem Vergleich, weil ihnen die Zusammenstellung des Gedankens mit der Absonderung der Nieren entwürdigend schien.

Die Physiologie kennt indess solche aesthetischen Rangunterschiede nicht. Ihr ist die Nierenabsonderung ein wissenschaftlicher Gegenstand von ganz gleicher Würde mit der Erforschung des Auges oder Herzens oder sonst eines der gewöhnlich sogenannten edleren Organe. Auch das ist an dem VOGT'schen Ausspruch schwerlich zu tadeln, dass darin die Seelenthätigkeit als Erzeugniss der materiellen Bedingungen im Gehirne hingestellt wird. Fehlerhaft dagegen erscheint, dass er die Vorstellung erweckt, als sei die Seelenthätigkeit aus dem Bau des Gehirnes ihrer Natur nach so begreifbar, wie die Absonderung aus dem Bau der Drüse.

Wo es an den materiellen Bedingungen für geistige Thätigkeit in Gestalt eines Nervensystemes gebricht, wie in den Pflanzen, kann der Naturforscher ein Seelenleben nicht zugeben, und hierin stösst er nur selten auf Widerspruch. Was aber wäre ihm zu erwiedern, wenn er, bevor er in die Annahme einer Weltseele willigte, verlangte, dass ihm irgendwo in der Welt, in Neuroglia gebettet und mit warmem arteriellem Blut unter richtigem Drucke gespeist, ein dem geistigen Vermögen solcher Seele an Umfang entsprechendes Convolut von Ganglienkugeln und Nervenröhren gezeigt würde?

Schliesslich entsteht die Frage, ob die beiden Grenzen unseres Naturerkennens nicht vielleicht die nämliche seien, d. h. ob, wenn wir das Wesen von Materie und Kraft begriffen, wir nicht auch verständen, wie die ihnen zu Grunde liegende Substanz unter bestimmten Bedingungen empfinden, begehren und denken könne. Freilich ist diese Vorstellung die einfachste, und nach bekannten Forschungsgrundsätzen bis zu ihrer Widerlegung der vorzuziehen, wonach, wie vorhin gesagt wurde, die Welt doppelt unbegreiflich erscheint. Aber es liegt in der Natur der Dinge, dass wir auch in diesem Punkte nicht zur Klarheit kommen, und alles weitere Reden darüber bleibt müssig.

In Bezug auf die Räthsel der Körperwelt ist der Naturforscher längst gewöhnt, mit männlicher Entsagung sein „*Ignoramus*“ auszusprechen. In Rückblick auf die durchlaufene siegreiche Bahn, trägt ihn dabei das stille Bewusstsein, dass, wo er jetzt nicht weiss, er wenigstens unter Umständen wissen könnte, und dereinst vielleicht wissen wird. Im Bezug auf das Räthsel aber, was Materie und Kraft seien, und wie sie zu denken vermögen, muss er ein für allemal zu dem viel schwerer abzugebenden Wahrspruch sich entschliessen:

„*Ignorabimus!*“

Anmerkungen.

1 (S. 6). Essai philosophique sur les probabilités. Seconde Édition. Paris 1814. p. 3. Die merkwürdige Stelle lautet im Zusammenhange:

„Les événemens actuels ont avec les précédens, une liaison fondée sur le principe évident, qu'une chose ne peut pas commencer d'être, sans une cause qui la produise. Cet axiome connu sous le nom de *principe de la raison suffisante*, s'étend aux actions même les plus indifférentes. La volonté la plus libre ne peut sans un motif déterminant, leur donner naissance; car si toutes les circonstances de deux positions étant exactement les mêmes, elle agissait dans l'une et s'abstenait d'agir dans l'autre, son choix serait un effet sans cause . . . . L'opinion contraire est une illusion de l'esprit qui perdant de vue, les raisons fugitives du choix de la volonté dans les choses indifférentes, se persuade qu'elle s'est déterminée d'elle-même et sans motifs.

Nous devons donc envisager l'état présent de l'univers, comme l'effet de son état antérieur, et comme la cause de celui qui va suivre. Une intelligence qui pour un instant donné, connaîtrait toutes les forces dont la nature est animée, et la situation respective des êtres qui la composent, si d'ailleurs elle était assez vaste pour soumettre ces données à l'analyse, embrasserait dans la même formule, les mouvemens des plus grands corps de l'univers et ceux du plus léger atome: rien se serait incertain pour elle, et l'avenir comme le passé, serait présent à ses yeux. L'esprit humain offre dans la perfection qu'il a su donner à l'astronomie, une faible esquisse de cette intelligence. Ses découvertes en mécanique et en géométrie, jointes à celle de la pesanteur universelle, l'ont mis à portée de comprendre dans les mêmes expressions analytiques, les états passés et futurs du système du monde. En appliquant la même méthode à quelques autres objets de ses connaissances, il est parvenu à ramener à des lois générales, les phénomènes observés, et à prévoir ceux que des circonstances données doivent faire éclore. Tous les efforts dans la recherche de la vérité, tendent à le rapprocher sans cesse de l'intelligence que nous venons de concevoir, mais dont il restera toujours infiniment éloigné. Cette tendance propre à l'espèce humaine, est ce qui la rend supérieure aux animaux; et ses progrès en ce genre, distinguent les nations et les siècles, et fondent leur véritable gloire."

2 (S. 7). Encyclopédie. Discours préliminaire. Paris 1751. Fol. t. I. p. IX. „L'Univers, pour qui sauroit l'embrasser d'un seul point de vûe, ne seroit, s'il est permis de le dire, qu'un fait unique et une grande vérité."

3 (S. 8). Réplique aux Réflexions contenues dans la seconde Édition du Dictionnaire critique de Mr. BAYLE etc. G. G. LEIBNITII Opera philosophica etc. Ed. J. E. ERDMANN. Berolini 1840. 4°. p. 183. 184. „Il n'y a pas de doute qu'un homme pourroit faire une machine, capable de se promener durant quelque tems par une ville, et de se tourner justement aux coins de certaines rues. Un esprit incomparablement plus parfait, quoique borné, pourroit aussi prévoir et éviter

un nombre incomparablement plus grand d'obstacles; ce qui est si vrai, que si ce monde, selon l'hypothese de quelques uns, n'était qu'un composé d'un nombre fini d'atomes, qui se remuassent suivant les lois de la mécanique, il est sûr, qu'un esprit fini pourroit être assez relevé pour comprendre et prévoir démonstrativement tout ce qui y doit arriver dans un tems déterminé; de sorte que cet esprit pourroit non seulement fabriquer un vaisseau, capable d'aller tout seul à un port nommé, en lui donnant d'abord le tour, la direction, et les ressorts qu'il faut; mais il pourroit encore former un corps capable de contrefaire un homme.

4 (S. 9). Diese schöne Art, die Grundwahrheit der Lehre von den Sinnen zu erläutern, verdanke ich Hrn. Donders.

5 (S. 13). Vergl. Helmholtz, Gedächtnissrede auf Gustav Magnus. Abhandlungen der Königl. Akademie der Wissenschaften zu Berlin. Aus dem Jahre 1871. Berlin 1872. 4°. S. 11 ff.

6 (S. 15). Es versteht sich, dass innerhalb des Rahmens dieses Vortrages es meine Absicht nicht sein konnte, eine vollständige Kritik der Theorien über Materie und Kraft zu geben. Ich wollte nur andeuten, dass hier unlösliche Widersprüche versteckt sind. Ausführliche Auseinandersetzungen des Gegenstandes aus neuerer Zeit findet man in: G. Th. Fechner, Ueber die physikalische und philosophische Atomenlehre. Leipzig 1855, und in: F. Harms, Philosophische Einleitung in die Encyklopädie der Physik, im 1. Bde. von Karsten's Allgemeiner Encyklopädie der Physik. Leipzig 1869. S. 307 ff.

7 (S. 16). Die Wechselwirkung der Naturkräfte u. s. w. Königsberg 1854. S. 44.

8 (S. 17). Vergl. Smaasen, in Poggendorff's Annalen der Physik und Chemie. 1846. Bd. LXIX. S. 161.

9 (S. 18). S. meine Gedächtnissrede auf Johannes Müller.

Abhandlungen der Königl. Akademie der Wissenschaften zu Berlin. Aus dem Jahre 1859. Berlin 1860 4°. S. 129.

10 (S. 21). Ueber thierische Bewegung. Rede u. s. w. von E. du Bois-Reymond. Berlin 1851. S. 4. 5.

11 (S. 22). Oeuvres de Descartes, publiées par Victor Cousin. Paris 1824. t. I. Discours de la Méthode. p. 158. 159; — Méditation sixième. p. 344; — Objections et Réponses. p. 414 et suiv.; — Ibidem t. III. Les Principes de la Philosophie. p. 102.

12 (S. 22). Ibidem, Les Principes etc. p. 151. — Vergl. E. du Bois-Reymond, Voltaire in seiner Beziehung zur Naturwissenschaft. Berlin 1868. S. 11.

13 (S. 22). Ibidem t. IV. Les Passions de l'Ame. p. 66. 67. 72. 73. — L'Homme. p. 402 et suiv.

14 (S. 22). Dictionnaire des Sciences philosophiques par une Société de professeurs de Philosophie. Paris 1844. t. I. p. 523.

15 (S. 21). Malebranche, De la Recherche de la Vérité. Oeuvres complètes, par MM. de Genoude et de Lourdoueix. Paris 1837. 4°. t, I. p. 220 et suiv. — De la Prémotion physique. Ibid. t. II. p. 392 et suiv.

16 (S. 22). H. Ritter, Geschichte der Philosophie. Hamburg 1852. Th. XI. S. 104 ff. — Harms a. a. O. S. 235. 236. — Schwegler, Geschichte der Philosophie im Umriss. 7. Aufl. Stuttgart 1870. S. 144.

17 (S. 23). Second Éclaircissement du Système de la Communication de Substances. 1696. G. G. Leibnitii Opera philosophica etc. p. 133. — Troisième Éclaircissement. 1696. Ibid. p. 134. — Lettre à Basnage etc. Ibid. p. 152. — Das Uhrengleichniss steht auch in Arn. Geulincx *ΓΝΩΘΙ ΣΕΑΥΤΟΝ* sive Ethica etc. Ed. Philaretus, Amstelod. 1709. 12°. p. 124. Nota 19. Seit Ritter hierauf aufmerksam machte (a. a. O. S. 140), pflegt man es Geulincx zuzuschreiben. Da aber jenes 40 Jahre nach Geulincx' Tod und 13 Jahre nach dem Second

Éclaircissement erschienene Buch nicht wörtlich GEULINCX' Werk ist, vielmehr manche fremde Zuthat enthält, so ist vielleicht auch das Uhrengleichniss, nachdem LEIBNIZ es erfunden und wiederholt gebraucht, als allgemein bekanntes Bild nachträglich darin aufgenommen. Um es GEULINCX sicher zuzuschreiben, müsste man es in einer der vor 1696 erschienenen Ausgaben der Ethik nachweisen. In Berlin war deren keine aufzutreiben.

18 (S. 23). BIOT's Lehrbuch der Experimental-Physik. Deutsch bearbeitet von FECHNER. Leipzig 1829. Bd. II. S. 129.

19 (S. 30). Vergl. die ähnlichen Betrachtungen LOCKE's in dem Essay on Human Understanding (Works, London 1812. vol. III. p. 54 sqq.), welche auch LEIBNIZ in den Nouveaux Essais sur l'Entendement humain (Ed. ERDMANN etc. p. 375) sich zu eigen gemacht hat. Vergl. noch LEIBNIZ selber l. c. p. 185. 203. — Den hier von mir entwickelten Beweis, dass wir die geistigen Vorgänge aus ihren materiellen Bedingungen nie begreifen werden, habe ich seit Jahren in meinen öffentlichen Vorlesungen „Ueber einige Ergebnisse der neueren Naturforschung" vorgetragen, und auch gesprächsweise mitgetheilt. Mein Freund Hr. TYNDALL hat bereits davon in seiner Rede bei Eröffnung der mathematisch-physikalischen Abtheilung der Britischen Naturforscher-Versammlung in Norwich im Jahr 1868 mit gewohnter Meisterschaft eine glänzende Darstellung gegeben. Scope and Limit of scientific Materialism, in: Fragments of Science for unscientific people. London 1871. p. 121.

20 (S. 31). Untersuchungen über thierische Elektricität. Bd. I. Berlin 1848. Vorrede. S. XXXV.

21 (S. 34). CHARLES DARWIN, The Descent of man etc. London 1871. vol. I. p. 145.

22 (S. 34). Vergl. E. DU BOIS-REYMOND, LEIBNIZische Gedanken in der neueren Naturwissenschaft. Berlin 1870.

23 (S. 34). Elemente der Psychophysik. Th. I. Leipzig 1860. S. 5.

24 (S. 36). Köhlerglaube und Wissenschaft. 3. Auflage. Giessen 1855. S. 32.

Druck von Bär & Hermann in Leipzig.

ÜBER DIE GRENZEN
DES
NATURERKENNENS.

EIN VORTRAG
IN DER
ZWEITEN ÖFFENTLICHEN SITZUNG
DER 45. VERSAMMLUNG
DEUTSCHER NATURFORSCHER UND ÄRZTE
ZU LEIPZIG
AM 14. AUGUST 1872

GEHALTEN
VON
EMIL DU BOIS-REYMOND.

In Nature's infinite book of secrecy
A little we can read.

VIERTE, VERMEHRTE UND VERBESSERTE AUFLAGE.

LEIPZIG,
VERLAG VON VEIT & COMP.
1876.

ÜBER DIE GRENZEN
DES
NATURERKENNENS.

EIN VORTRAG
IN DER
ZWEITEN ÖFFENTLICHEN SITZUNG

DER 45. VERSAMMLUNG

DEUTSCHER NATURFORSCHER UND ÄRZTE

ZU LEIPZIG

AM 14. AUGUST 1872

GEHALTEN

VON

EMIL DU BOIS-REYMOND.

In Nature's infinite book of secrecy
A little we can read.

VIERTE, VERMEHRTE UND VERBESSERTE AUFLAGE.

LEIPZIG,
VERLAG VON VEIT & COMP.
1876.

Meine Herren!

Wie es einen Welteroberer der alten Zeit an einem Rasttag inmitten seiner Siegeszüge verlangen konnte, die Grenzen der unübersehbaren seiner Herrschaft unterworfenen Länderstrecken genauer festgestellt zu sehen, um hier ein noch nicht zinspflichtig gemachtes Volk zum Tribut heranzuziehen, dort in der Wasserwüste ein seinen Reiterschaaren unüberwindliches Naturhinderniss, und die wahre Schranke seiner Macht zu erkennen: so wird es für die Weltbesiegerin unserer Tage, die Naturwissenschaft, kein unangemessenes Beginnen sein, wenn sie bei festlicher Gelegenheit von der Arbeit ruhend die wahren Grenzen ihres unermesslichen Reiches einmal klar sich vorzuzeichnen versucht. Für um so gerechtfertigter halte ich dies Unternehmen, als ich glaube, dass über die Grenzen des Naturerkennens zwei Irrthümer sehr verbreitet sind, und als ich es für möglich halte, einer solchen Betrachtung, trotz ihrer scheinbaren Trivialität, auch für die, welche jene Irrthümer nicht theilen, einige neue Seiten abzugewinnen.

Ich setze mir also vor, die Grenzen des Naturerkennens aufzusuchen, und beantworte zunächst die Frage, was Naturerkennen sei.

Naturerkennen — genauer gesagt naturwissenschaftliches Erkennen oder Erkennen der Körperwelt mit Hülfe und im Sinne der theoretischen Naturwissenschaft — ist Zurückführen der Veränderungen in der Körperwelt auf Bewegungen von Atomen, die durch deren von der Zeit unabhängige Centralkräfte bewirkt werden, oder Auflösung der Naturvorgänge in Mechanik der Atome. Es ist psychologische Erfahrungsthatsache, dass, wo solche Auflösung gelingt, unser Causalitätsbedürfniss vorläufig sich befriedigt fühlt. Die Sätze der Mechanik sind mathematisch darstellbar, und tragen in sich dieselbe apodiktische Gewissheit, wie die Sätze der Mathematik. Indem die Veränderungen in der Körperwelt auf eine constante Summe potentieller und kinetischer Energie, welche einer constanten Menge von Materie anhaftet, zurückgeführt werden, bleibt in diesen Veränderungen selber nichts zu erklären übrig.

Kant's Behauptung in der Vorrede zu den *Metaphysischen Anfangsgründen der Naturwissenschaft,* „dass in „jeder besonderen Naturlehre nur so viel eigentliche „Wissenschaft angetroffen werden könne, als darin

„Mathematik anzutreffen sei" — ist also vielmehr noch dahin zu verschärfen, dass für Mathematik Mechanik der Atome gesetzt wird. Sichtlich dies meinte er selber, als er der Chemie den Namen einer Wissenschaft absprach, und sie unter die Experimentallehren verwies. Es ist nicht wenig merkwürdig, dass in unserer Zeit die Chemie, indem sie durch Entdeckung der Substitution gezwungen wurde, den elektrochemischen Dualismus aufzugeben, sich von dem Ziel, eine Wissenschaft in diesem Sinne zu werden, scheinbar wieder weiter entfernt hat.

Denken wir uns alle Veränderungen in der Körperwelt in Bewegungen von Atomen aufgelöst, die durch deren constante Centralkräfte bewirkt werden, so wäre das Weltall naturwissenschaftlich erkannt. Der Zustand der Welt während eines Zeitdifferentiales erschiene als unmittelbare Wirkung ihres Zustandes während des vorigen und als unmittelbare Ursach ihres Zustandes während des folgenden Zeitdifferentiales. Gesetz und Zufall wären nur noch andere Namen für mechanische Nothwendigkeit. Ja es lässt eine Stufe der Naturerkenntniss sich denken, auf welcher der ganze Weltvorgang durch Eine mathematische Formel vorgestellt würde, durch Ein unermessliches System simultaner Differentialgleichungen, aus dem sich Ort, Bewegungsrichtung und Geschwindigkeit jedes Atomes im Weltall zu jeder Zeit ergäbe. „Ein „Geist", sagt LAPLACE, „der für einen gegebenen Augen-

„blick alle Kräfte kennte, welche in der Natur wirksam „sind, und die gegenseitige Lage der Wesen, aus denen „sie besteht, wenn sonst er umfassend genug wäre, um „diese Angaben der Analysis zu unterwerfen, würde in „derselben Formel die Bewegungen der grössten Welt„körper und des leichtesten Atoms begreifen: nichts wäre „ungewiss für ihn, und Zukunft wie Vergangenheit wäre „seinem Blicke gegenwärtig. Der menschliche Verstand „bietet in der Vollendung, die er der Astronomie zu geben „gewusst hat, ein schwaches Abbild solchen Geistes dar.“[1]

In der That, wie der Astronom nur der Zeit in den Mondgleichungen einen gewissen negativen Werth zu ertheilen braucht, um zu ermitteln, ob, als PERIKLES nach Epidaurus sich einschiffte, die Sonne für den Piraeeus verfinstert ward, so könnte der von LAPLACE gedachte Geist durch geeignete Discussion seiner Weltformel uns sagen, wer die Eiserne Maske war oder wie der „President“ zu Grunde ging. Wie der Astronom den Tag vorhersagt, an dem nach Jahren ein Komet aus den Tiefen des Weltraumes am Himmelsgewölbe wieder auftaucht, so läse jener Geist in seinen Gleichungen den Tag, da das griechische Kreuz von der Sophienmoschee blitzen oder da England seine letzte Steinkohle verbrennen wird. Setzte er in der Weltformel $t = -\infty$, so enthüllte sich ihm der räthselhafte Urzustand der Dinge. Er sähe im unendlichen Raume die Materie schon entweder bewegt oder ungleich vertheilt, da bei gleicher Vertheilung das labile Gleichgewicht nie gestört worden wäre. Liesse er t im positiven Sinn unbegrenzt wachsen, so erführe er, nach wie langer Zeit CARNOT's Satz das Weltall mit eisigem Stillstande bedroht.[2] Solchem Geiste wären die Haare auf unserem Haupte gezählt, und ohne sein Wissen fiele kein Sperling zur Erde. Ein vor- und rückwärts gewandter Prophet, wäre ihm, wie schon D'ALEMBERT in der Einleitung zur Encyklopaedie, LAPLACE's Gedanken im Keime hegend, es ausdrückte, „das Weltganze nur eine einzige Thatsache und Eine grosse „Wahrheit".[3]

Auch bei LEIBNIZ findet der LAPLACE'sche Gedanke sich schon, ja gewissermaassen weiter entwickelt als bei LAPLACE selber, insofern LEIBNIZ jenen Geist auch mit Sinnen und mit technischem Vermögen von entsprechender Vollkommenheit ausgestattet sich denkt. BAYLE hatte gegen die Lehre von der praestabilirten Harmonie eingewendet, sie mache für den menschlichen Körper eine Voraussetzung ähnlich der eines Schiffes, das durch eigene Kraft dem Hafen zusteuere. LEIBNIZ erwiedert, dies sei gar nicht so unmöglich, wie BAYLE meine. „Es „ist kein Zweifel", sagt er, „dass ein Mensch eine Ma„schine machen könnte, fähig einige Zeit in einer Stadt „sich umher zu bewegen und genau an gewissen Strassen„ecken einzulenken. Ein unvergleichlich vollkommnerer,

„obwohl beschränkter Geist könnte auch eine unvergleichlich „grössere Anzahl von Hindernissen vorhersehen und ihnen „ausweichen. So wahr ist dies, dass wenn, wie Einige „glauben, diese Welt nur aus einer endlichen Anzahl „nach den Gesetzen der Mechanik sich bewegender Atome „bestände, es gewiss ist, dass ein endlicher Geist erhaben „genug sein könnte, um Alles, was zu bestimmter Zeit „darin geschehen muss, zu begreifen und mit mathema- „tischer Gewissheit vorherzusehen; so dass dieser Geist „nicht nur ein Schiff bauen könnte, das von selber einem „gegebenen Hafen zusteuerte, wenn ihm einmal die ge- „hörige innere Kraft und die Richtung ertheilt wäre, „sondern er könnte sogar einen Körper bilden, der die „Handlungen eines Menschen nachahmte“.[4]

Es braucht nicht gesagt zu werden, dass der menschliche Geist von dieser vollkommenen Naturerkenntniss stets weit entfernt bleiben wird. Um den Abstand zu zeigen, der uns sogar von deren ersten Anfängen trennt, genügt Eine Bemerkung. Ehe die Differentialgleichungen der Weltformel angesetzt werden könnten, müssten alle Naturvorgänge auf Bewegungen eines substantiell unterschiedslosen, mithin eigenschaftslosen Substrates dessen zurückgeführt sein, was uns als verschiedenartige Materie erscheint, mit anderen Worten, alle Qualität müsste aus Anordnung und Bewegung solchen Substrates erklärt sein.

Dies ist völlig im Einklange mit der Lehre von den

Sinnen. Allem Ermessen nach leiten Sinnesorgane und -Nerven den zugehörigen Hirnprovinzen oder, wie JOH. MÜLLER sie nannte, den Sinnsubstanzen schliesslich einerlei Bewegung zu. Wie in dem von Hrn. BIDDER ersonnenen, Hrn. VULPIAN gelungenen Versuch am Tast- und Muskelnerven der Zunge Empfindungs- und Bewegungsfasern so mit einander verheilen, dass Erregung von Fasern der einen Art durch die Narbe auf Fasern der anderen Art übergeht, so würden, wäre der Versuch möglich, vollends Fasern verschiedener Sinnesnerven mit einander verschmelzen. Bei über's Kreuz verheilten Seh- und Hörnerven hörten wir mit dem Auge den Blitz als Knall, und sähen mit dem Ohre den Donner als Reihe von Lichteindrücken.[5] Die Sinnesempfindung als solche entsteht also erst in den Sinnsubstanzen. Diese Substanzen sind es, welche die in allen Nerven gleichartige Erregung überhaupt erst in Sinnesempfindung übersetzen, und dabei je nach ihrer Natur, als Träger der „specifischen Energien" JOH. MÜLLER's, die Qualität erzeugen. Das mosaische: Es ward Licht, ist physiologisch falsch. Licht ward erst, als der erste rothe Augenpunkt eines Infusoriums zum ersten Male Hell und Dunkel unterschied. Ohne Seh- und ohne Gehörsinnsubstanz wäre diese farbenglühende, tönende Welt um uns her finster und stumm.

Und stumm und finster an sich, d. h. eigenschaftslos.

wie sie aus der subjectiven Zergliederung hervorgeht, ist die Welt auch für die durch objective Betrachtung gewonnene mechanische Anschauung, welche statt Schalles und Lichtes nur Schwingungen eines eigenschaftslosen, dort zur wägbaren, hier zur unwägbaren Materie gewordenen Urstoffes kennt.

Aber wie wohlbegründet diese Vorstellungen im Allgemeinen auch sind, zu ihrer Durchführung im Einzelnen fehlt noch so gut wie Alles. Der Stein der Weisen, der die heute noch unzerlegten Stoffe ineinander umwandelte und aus einem höheren Grundstoffe, wenn nicht dem Urstoffe selber, erzeugte, müsste gefunden sein, ehe die ersten Vermuthungen über Entstehung scheinbar verschiedenartiger aus in Wirklichkeit unterschiedsloser Materie möglich würden.

Obschon der menschliche Geist von dem von LAPLACE gedachten Geiste stets weit entfernt bleiben wird, ist er doch nur stufenweise davon verschieden, etwa wie eine bestimmte Ordinate einer Curve von einer zwar ausnehmend viel grösseren, jedoch noch endlichen Ordinate derselben Curve. Wir gleichen diesem Geist, denn wir begreifen ihn. Ja es ist die Frage, ob nicht ein Geist wie NEWTON's von dem von LAPLACE gedachten Geiste sich weniger unterscheidet, als der Geist eines Australnegers oder eines Pescheräh's vom Geiste NEWTON's. Mit anderen Worten, die Unmöglichkeit, die Differentialgleichungen der Weltformel aufzustellen, zu integriren und das Ergebniss zu discutiren, ist keine grundsätzliche, sondern beruht auf der Unmöglichkeit, die nöthigen thatsächlichen Bestimmungen zu erlangen, und, selbst wenn dies möglich wäre, auf deren unermesslicher Ausdehnung, Mannigfaltigkeit und Verwickelung.

Die Naturerkenntniss des LAPLACE'schen Geistes, wie er fortan kurz heissen mag, stellt somit die höchste denkbare Stufe unseres eigenen Naturerkennens vor. Wir können deshalb jene Erkenntniss bei der Untersuchung über die Grenzen dieses Erkennens zu Grunde legen. Was bei ihr unerkannt bliebe, das wird unserem in so viel engeren Schranken eingeschlossenen Geiste vollends verborgen bleiben.

Zwei Stellen sind es nun, wo auch der LAPLACE'sche Geist vergeblich weiter vorzudringen trachten würde, vollends wir stehen zu bleiben gezwungen sind.

Erstens nämlich ist daran zu erinnern, dass das Naturerkennen, welches vorher als unser Causalitätsbedürfniss vorläufig befriedigend bezeichnet wurde, in Wahrheit dies nicht thut, und kein Erkennen ist. Die Vorstellung, wonach die Welt aus stets dagewesenen und unvergänglichen kleinsten Theilen besteht, deren Centralkräfte alle Bewegung erzeugen, ist gleichsam nur Surrogat einer Erklärung. Sie führt, wie bemerkt, alle Veränderungen in der Körperwelt auf eine constante Menge von Materie und eine constante Summe von Kräften zurück, und lässt an den Veränderungen selber also nichts zu erklären übrig. Bei dem gegebenen Dasein jenes Constanten können wir, der gewonnenen Einsicht froh, eine Zeit lang uns beruhigen; bald aber verlangen wir tiefer einzudringen, und es selber seinem Wesen nach zu begreifen. Da ergiebt sich denn bekanntlich, dass zwar innerhalb bestimmter Grenzen die atomistische Vorstellung für den Zweck unserer physikalisch-mathematischen Ueberlegungen brauchbar, ja unentbehrlich ist, dass sie aber, wenn die Grenzen der an sie zu stellenden Forderungen überschritten werden, als Corpuscular-Philosophie in unlösliche Widersprüche führt.

Ein physikalisches Atom, d. i. eine im Vergleiche zu den Körpern, mit denen wir Umgang haben, verschwindend klein gedachte, ihres Namens ungeachtet in der Idee aber noch theilbare Masse, welcher Eigenschaften oder ein Bewegungszustand zugeschrieben werden, wodurch das Verhalten einer aus unzähligen solchen Atomen bestehenden Masse sich erklärt, ist eine in sich folgerichtige und unter Umständen nützliche Fiction der mathematischen Physik. Doch wird auch deren Gebrauch neuerlich möglichst vermieden, indem man, statt auf discrete Atome, auf Volumelemente der continuirlich gedachten Körper zurückgeht.[6]

Ein philosophisches Atom dagegen, d. h. eine angeblich nicht weiter theilbare Masse trägen wirkungslosen Substrates, von welcher durch den leeren Raum in die Ferne wirkende Kräfte ausgehen, ist bei näherer Betrachtung ein Unding.

Denn soll das nicht weiter theilbare, träge, an sich unwirksame Substrat wirklichen Bestand haben, so muss es einen gewissen, noch so kleinen Raum erfüllen. Dann ist nicht zu begreifen, warum es nicht weiter theilbar sei. Auch kann es den Raum nur erfüllen, wenn es vollkommen hart ist, d. h. indem es durch eine an seiner Grenze auftretende, aber nicht darüber hinauswirkende abstossende Kraft, welche alsbald grösser wird als jede gegebene Kraft, gegen Eindringen eines anderen Körperlichen in denselben Raum sich wehrt. Abgesehen von anderen Schwierigkeiten, welche hieraus entspringen, ist das Substrat alsdann kein wirkungsloses mehr.

Denkt man sich umgekehrt mit den Dynamisten als Substrat nur den Mittelpunkt der Centralkräfte, so erfüllt das Substrat den Raum nicht mehr, denn der Punkt ist die im Raume vorgestellte Negation des Raumes. Dann ist nichts mehr da, wovon die Centralkräfte ausgehen, und was träg sein könnte, gleich der Materie.

Durch den leeren Raum in die Ferne wirkende Kräfte sind an sich unbegreiflich, ja widersinnig, und erst seit NEWTON's Zeit, durch Missverstehen seiner Lehre und gegen seine ausdrückliche Warnung, den Naturforschern eine geläufige Vorstellung geworden. Denkt man sich mit DESCARTES und LEIBNIZ den ganzen Raum erfüllt, und alle Bewegung durch Uebertragung in Berührungsnähe erzeugt, so ist zwar das Entstehen der Bewegung auf ein unserer sinnlichen Anschauung vertrautes Bild zurückgeführt, aber es stellen sich andere Schwierigkeiten ein. Unter Anderem ist es bei dieser Vorstellung unmöglich, die verschiedene Dichte der Körper aus verschiedener Zusammenfügung des gleichartigen Urstoffes zu erklären.

Es ist leicht, den Ursprung dieser Widersprüche aufzudecken. Sie wurzeln in unserem Unvermögen, etwas Anderes als mit unseren äusseren Sinnen entweder, oder mit unserem inneren Sinn Erfahrenes uns vorzustellen. Bei dem Bestreben, die Körperwelt zu zergliedern, gehen wir aus von der Theilbarkeit der Materie, da sichtlich die Theile etwas Einfacheres und Ursprünglicheres sind, als das Ganze. Fahren wir in Gedanken mit Theilung der Materie in's Unendliche fort, so bleiben wir mit unserer Anschauung in dem uns angewiesenen Geleise, und fühlen uns in unserem Denken unbehindert. Zum Verständniss der Dinge aber thun wir keinen Schritt, da wir in der That nur das im Bereiche des Grossen und Sichtbaren Erscheinende auch im Bereiche des Kleinen und Unsichtbaren uns vorgestellt haben. Wir kommen so zum Begriffe des physikalischen Atoms. Hören wir nun irgendwo willkürlich mit der Theilung bei vermeintlichen philosophischen Atomen auf, die nicht weiter theilbar, vollkommen hart und überdies an sich wirkungslos und nur Träger der Centralkräfte sein sollen, so verlangen wir von einer Materie, die wir uns unter dem Bilde der Materie denken, mit der wir Umgang haben, ohne dass wir irgend ein neues Erklärungsprincip einführen, dass sie neue, ursprüngliche, das Wesen der Körper aufklärende Eigenschaften entfalte. So begehen wir den Fehler, der in den vorher blossgelegten Widersprüchen sich offenbart.[7]

Niemand, der etwas tiefer nachgedacht hat, verkennt die transcendente Natur des Hindernisses, das hier sich uns entgegenstellt. Wie man es auch zu umgehen versuche, in der einen oder anderen Form stösst man immer darauf. Von welcher Seite, unter welcher Deckung man ihm sich nähere, man erfährt seine Unbesiegbarkeit. Die alten ionischen Physiologen standen davor nicht rathloser als wir. Alle Fortschritte der Naturwissenschaft haben nichts dawider vermocht, alle ferneren werden dawider nichts fruchten. Nie werden wir besser als heute wissen, was, wie Paul Erman zu sagen pflegte, „hier", wo Materie ist, „im Raume spukt." Denn sogar der Laplace-sche, über den unseren so weit erhabene Geist würde in diesem Punkte nicht klüger sein als wir, und daran erkennen wir verzweifelnd, dass wir hier an der einen Grenze unseres Witzes stehen.

Uebrigens böte die materielle Welt diesem Geiste noch

ein unlösbares Räthsel. Zwar würde, wie wir sahen, seine Formel ihm den Urzustand der Dinge enthüllen. Träfe er aber die Materie vor unendlicher Zeit im unendlichen Raume ruhend und ungleich vertheilt an, so wüsste er nicht, woher die ungleiche Vertheilung, denn nur bei gleicher Vertheilung fände sich sein Causalitätsbedürfniss befriedigt. Träfe er die Materie schon bewegt an, so wüsste er nicht, woher die Bewegung, welche ihm nur als zufälliger Zustand der Materie erscheint. Vielleicht, ja wahrscheinlich, ist letztere Frage einerlei mit der nach dem Wesen von Materie und Kraft. Weder lässt sich dies beweisen, noch wäre dem LAPLACEschen Geist damit geholfen, da jenes Wesen ihm verschlossen bleibt.

Sehen wir aber von dem Allen ab, setzen wir die bewegte Materie als gegeben voraus, so ist in der Idee, wie gesagt, die Körperwelt verständlich. Seit unendlicher Zeit geht im unendlichen Raume Verdichtung der sich wechselseitig anziehenden Materie vor sich. Als verschwindender Punkt irgendwo im Weltall ballt sich dabei auch der kreisende Nebel zusammen, aus welchem die von Hrn. HELMHOLTZ mittels der mechanischen Wärmetheorie weiter geführte KANT'sche Hypothese unser Planetensystem mit seiner erschöpfbaren, nie wiederkehrenden Wärmemitgift werden lässt.[8] Schon sehen wir unsere Erde als feurig flüssigen Tropfen, umhüllt mit einer Atmosphäre von unvorstellbarer Beschaffenheit, in ihrer Bahn rollen. Wir sehen sie im Lauf unermesslicher Zeiträume mit einer Schale erstarrenden Urgesteines sich umgeben, Meer und Veste sich scheiden, den Granit, durch heisse kohlensaure Wolkenbrüche zerfressen, das Material zu kalihaltigen Erdschichten liefern, und schliesslich Bedingungen entstehen, unter denen Leben möglich ward.

Wo und in welcher Form es auf Erden zuerst erschien, ob als Protoplasmaklümpchen im Meer;[9] ob an der Luft unter Mitwirkung der noch mehr ultraviolette Strahlen entsendenden Sonne bei noch höherem Kohlensäuregehalt der Atmosphäre; ob von anderen Weltkörpern her Lebenskeime zu uns herüberflogen[10]; wer sagt es je? Aber der LAPLACE'sche Geist im Besitze der Weltformel könnte es sagen. Denn beim Zusammentreten unorganischer Stoffe zu Lebendigem handelt es sich zunächst nur um Bewegung, um Anordnung von Molecülen in mehr oder minder festen Gleichgewichtslagen, und um Einleitung eines Stoffwechsels theils durch Spannkräfte der Molecüle, theils durch von aussen überkommene Bewegung. Was das Lebende vom Todten, die Pflanze und das nur in seinen körperlichen Functionen betrachtete Thier vom Krystall unterscheidet, ist zuletzt dieses: im Krystall befindet sich die Materie in stabilem Gleichgewichte, während durch das organische Wesen ein Strom von Materie sich ergiesst, die Materie darin in mehr oder minder vollkommenem dynamischen Gleichgewichte" sich befindet, mit bald positiver, bald der Null gleicher, bald negativer Bilanz. Daher ohne Einwirkung äusserer Massen und Kräfte der Krystall ewig bleibt was er ist, dagegen das organische Wesen in seinem Bestehen von gewissen äusseren Bedingungen, den integrirenden Reizen der älteren Physiologie, abhängt, in sich potentielle Energie in kinetische verwandelt und umgekehrt, und einem bestimmten zeitlichen Verlauf unterworfen ist. Ohne grundsätzliche Verschiedenheit der Kräfte im Krystall und im organischen Wesen erklärt sich so, dass beide miteinander incommensurabel sind, wie ein blosses Bauwerk incommensurabel ist mit einer Fabrik, in die hier Kohle, Wasser, Rohstoffe, aus welcher dort Kohlensäure, Wassergas, Rauch, Asche und Erzeugnisse ihrer Maschinen strömen. Das Bauwerk kann man sich aus lauter dem Ganzen ähnlichen Theilen so gefügt vorstellen, dass es gleich dem Krystall in ähnliche Theile spaltbar ist; die Fabrik ist gleich dem organischen Wesen, wenn wir von dessen Aufbau aus Zellen und der Theilbarkeit mancher Organismen absehen, ein Individuum.

Es ist daher ein Missverständniss, im ersten Erscheinen lebender Wesen auf Erden oder auf einem anderen Weltkörper etwas Supernaturalistisches, etwas Anderes zu sehen, als ein überaus schwieriges mechanisches Problem.

Von den beiden Irrthümern, auf die ich hinweisen wollte, ist dies der eine, und ich halte nicht für geboten, von Ewigkeit her gleichsam eine kosmische Panspermie anzunehmen.[12] Nicht hier ist die andere Grenze des Naturerkennens; hier nicht mehr als in der Krystallbildung. Könnten wir die Bedingungen herstellen, unter denen organische Wesen einst entstanden, wie wir dies für gewisse, nicht für alle Krystalle können, so würden nach dem Principe des Actualismus[13] wie damals auch heut organische Wesen entstehen. Sollte es aber auch nie gelingen, Urzeugung zu beobachten, geschweige sie im Versuch herbeizuführen, so wäre doch hier kein unbedingtes Hinderniss. Wären uns Materie und Kraft verständlich, die Welt hörte nicht auf begreiflich zu sein, auch wenn wir uns jetzt die Erde (um nur sie zu nennen) von ihrem aequatorialen Smaragdgürtel bis zu den letzten flechtengrauen Polarklippen mit der üppigsten Fülle von Pflanzenleben überwuchert denken, gleichviel welchen Antheil an der Gestaltung des Pflanzenreiches man organischen Bildungsgesetzen, welchen der natürlichen Zuchtwahl einräume. Nur die zur Befruchtung vieler Pflanzen als unentbehrlich erkannte Beihülfe der Insectenwelt müssen wir aus Gründen, die bald einleuchten werden, in dieser Betrachtung bei Seite lassen. Sonst bietet das reichste, von Bernardin de St. Pierre, Alexander von Humboldt oder Pöppig entworfene Gemälde eines tropischen Urwaldes dem Blicke der theoretischen Naturforschung nichts dar, als bewegte Materie.

Allein es tritt nunmehr, an irgend einem Punkt der Entwickelung des Lebens auf Erden, den wir nicht kennen und auf den es hier nicht ankommt, etwas Neues, bis dahin Unerhörtes auf, etwas wiederum, gleich dem Wesen von Materie und Kraft, Unbegreifliches. Der in negativ unendlicher Zeit angesponnene Faden des Verständnisses zerreisst, und unser Naturerkennen gelangt an eine Kluft, über die kein Steg, kein Fittig trägt: wir stehen an der anderen Grenze unseres Witzes..

Dies neue Unbegreifliche ist das Bewusstsein. Ich werde jetzt, wie ich glaube in sehr zwingender Weise, darthun, dass nicht allein bei dem heutigen Stand unserer Kenntniss das Bewusstsein aus seinen materiellen Bedingungen nicht erklärbar ist, was wohl jeder zugiebt, sondern dass es auch der Natur der Dinge nach aus diesen Bedingungen nie erklärbar sein wird. Die entgegengesetzte Meinung, dass nicht alle Hoffnung aufzugeben sei, das Bewusstsein aus seinen materiellen Bedingungen zu begreifen, dass dies vielmehr im Laufe der Jahrhunderte oder Jahrtausende dem alsdann in ungeahnte Reiche der Erkenntniss vorgedrungenen Menschengeiste wohl gelingen könne: dies ist der zweite Irrthum, dessen Bekämpfung ich mir in diesem Vortrage vorgesetzt habe.

Ich gebrauche dabei absichtlich den Ausdruck „Bewusstsein“, weil es hier nur um die Thatsache eines geistigen Vorganges irgend einer, sei es der niedersten Art, sich handelt. Man braucht nicht WATT sein Parallelogramm erdenkend, nicht SHAKSPEARE, RAPHAEL, MOZART in der wunderbarsten ihrer Schöpfungen begriffen sich vorzustellen, um das Beispiel eines aus seinen materiellen Bedingungen unerklärbaren geistigen Vorganges zu haben. Wie die gewaltigste und verwickelteste Muskelleistung eines Menschen oder Thieres im Wesentlichen nicht dunkler ist, als einfache Zuckung einer einzelnen Muskelfaser[14]; wie die einzelne Secretionszelle das ganze Räthsel der Absonderung birgt: so ist auch die erhabenste Seelenthätigkeit aus materiellen Bedingungen in der Hauptsache nicht unbegreiflicher, als das Bewusstsein auf seiner ersten Stufe, der Sinnesempfindung. Mit der ersten Regung von Behagen oder Schmerz, die im Beginn des thierischen Lebens auf Erden ein einfachstes Wesen empfand, ist jene unübersteigliche Kluft gesetzt, und die Welt nunmehr doppelt unbegreiflich geworden.

Ueber wenig Gegenstände ist anhaltender nachgedacht, mehr geschrieben, leidenschaftlicher gestritten worden, als über Verbindung von Leib und Seele im Menschen. Alle philosophischen Schulen, dazu die Kirchenväter, haben darüber ihre Lehrmeinungen gehabt. Der neueren Philosophie liegt diese Frage ferner; um so reicher sind deren Anfänge im siebzehnten Jahrhundert an Theorien über die Wechselwirkung von Materie und Geist.

Descartes selber hatte sich die Möglichkeit, diese Wechselwirkung zu begreifen, durch zwei Aufstellungen vorweg abgeschnitten. Erstens behauptete er, dass Körper und Geist verschiedene Substanzen, durch Gottes Allmacht vereinigt, seien, welche, da der Geist als unkörperlich keine Ausdehnung habe, nur in Einem Punkte, nämlich in der sogenannten Zirbeldrüse des Gehirnes, einander berühren[15]. Er behauptete zweitens, dass die im Weltall vorhandene Bewegungsgrösse beständig sei[16]. Je sicherer daraus die Unmöglichkeit zu folgen scheint, dass die Seele Bewegung der Materie erzeuge, um so mehr erstaunt man, wenn nun Descartes, um die Willensfreiheit zu retten, die Seele einfach die Zirbeldrüse in dem nöthigen Sinne bewegen lässt, damit die thierischen Geister, wir würden sagen das Nervenprincip, den richtigen Muskeln zuströmen. Umgekehrt die durch Sinneseindrücke erregten thierischen Geister bewegen die Zirbeldrüse, und die mit dieser verbundene Seele merkt die Bewegung[17].

Descartes' unmittelbare Nachfolger, Clauberg[18], Malebranche[19], Geulincx[20], bemühen sich, einen so offenbaren Missgriff zu verbessern. Sie halten fest an der Unmöglichkeit einer Wechselwirkung von Geist und Materie, als zweier verschiedenen Substanzen. Um aber zu verstehen, wie dennoch die Seele den Körper bewege und von ihm erregt werde, nehmen sie an, dass das Wollen der Seele Gott veranlasse, den Körper jedesmal nach Wunsch der Seele zu bewegen. Umgekehrt die Sinneseindrücke veranlassen Gott, die Seele jedesmal in Uebereinstimmung damit zu verändern. Die *Causa efficiens* der Veränderungen des Körpers durch die Seele und umgekehrt ist also stets nur Gott; das Wollen der Seele und die Sinneseindrücke sind nur die *Causae occasionales* für die unaufhörlich erneuten Eingriffe seiner Allmacht.

Leibniz endlich pflegte dies Problem mittels des von Geulincx zuerst darauf angewandten Bildes zweier Uhren zu erläutern, die gleichen Gang zeigen sollen[21]. Auf dreierlei Art, sagt er, könne dies geschehen. Erstens können beide Uhren durch Schwingungen, die sie einer gemeinsamen Befestigung mittheilen, einander so beeinflussen, dass ihr Gang derselbe werde, wie dies Huyghens beobachtet habe[22]. Zweitens könne stets die eine Uhr gestellt werden, um sie in gleichem Gange mit der anderen zu erhalten. Drittens könne von vorn herein der Künstler so geschickt gewesen sein, dass er beide Uhren, obschon ganz unabhängig von einander, gleich gehend gemacht habe. Zwischen Leib und Seele sei die erste Art der Verbindung anerkannt unmöglich. Die zweite, der occasionalistischen Lehre entsprechende, sei Gottes unwürdig, den sie als *Deus ex machina* verwende. So bleibe nur die dritte übrig, in der man LEIBNIZ' eigene Lehre der praestabilirten Harmonie wiedererkennt.

Allein diese und ähnliche Betrachtungen sind in den Augen der neueren Naturforschung entwerthet und der Wirkung auf die heutigen Ansichten beraubt durch die dualistische Grundlage, auf welche sie, gemäss ihrem halb theologischen Ursprunge, gleich anfangs sich stellen. Ihre Urheber gehen aus von der Annahme einer vom Körper unbedingt verschiedenen geistigen Substanz, der Seele, deren Verbindung mit dem Körper sie untersuchen. Sie finden, dass eine Verbindung beider Substanzen nur durch ein Wunder möglich ist, und dass, auch nach diesem ersten Wunder, ein ferneres Zusammengehen beider Substanzen nicht anders stattfinden kann, als wiederum durch ein entweder stets erneutes oder seit der Schöpfung fortwirkendes Wunder. Diese Folge nun geben sie für eine neue Einsicht aus, ohne hinreichend zu prüfen, ob nicht sie selber vielleicht sich die Seele erst so zurechtgemacht haben, dass eine Wechselwirkung zwischen ihr und dem Körper undenkbar ist. Mit Einem Wort, der gelungenste Beweis, dass keine Wechselwirkung von Körper und Seele möglich sei, lässt dem Zweifel Raum, ob nicht die Praemissen willkürlich seien, und ob nicht Bewusstsein einfach als Wirkung der Materie gedacht und vielleicht begriffen werden könne. Für den Naturforscher muss daher der Beweis, dass die geistigen Vorgänge aus ihren materiellen Bedingungen nie zu begreifen sind, unabhängig von jeder Voraussetzung über den Urgrund jener Vorgänge geführt werden.

Ich nenne astronomische Kenntniss eines materiellen Systemes solche Kenntniss aller seiner Theile, ihrer gegenseitigen Lage und ihrer Bewegung, dass ihre Lage und Bewegung zu irgend einer vergangenen und zukünftigen Zeit mit derselben Sicherheit berechnet werden kann, wie Lage und Bewegung der Himmelskörper bei vorausgesetzter unbedingter Schärfe der Beobachtungen und Vollendung der Theorie. Dazu gehört, dass man kenne 1. die Gesetze, nach welchen die zwischen den Theilen des Systemes wirksamen Kräfte sich mit der Entfernung ändern; 2. die Lage der Theile des Systemes in zwei durch ein Zeitdifferential getrennten Augenblicken, oder, was auf dasselbe hinausläuft, die nach drei Axen zerlegte Geschwindigkeit der Theile zu einer bestimmten Zeit[23].

Astronomische Kenntniss eines materiellen Systemes ist bei unserer Unfähigkeit, Materie und Kraft zu begreifen, die vollkommenste Kenntniss, die wir von dem System erlangen können. Es ist die, wobei unser Causalitätstrieb sich zu beruhigen gewohnt ist, und welche der LAPLACE'sche Geist selber bei gehörigem Gebrauche seiner Weltformel von dem Systeme besitzen würde.

Denken wir uns nun, wir hätten es zur astronomischen Kenntniss eines Muskels, einer Drüse, eines elektrischen oder Leucht-Organes in Verbindung mit den zugehörigen gereizten Nerven, einer Flimmerzelle, einer Pflanze, des Eies in Berührung mit dem Samen, der Frucht auf irgend einer Stufe der Entwickelung gebracht. Alsdann besässen wir also von diesen materiellen Systemen die vollkommenste uns mögliche Kenntniss, unser Causalitätstrieb wäre soweit befriedigt, dass wir nur noch verlangten, das Wesen von Materie und Kraft selber zu begreifen. Muskelverkürzung, Absonderung in der Drüse, Schlag des elektrischen, Leuchten des Leucht-Organes, Flimmerbewegung, Wachsthum und Chemismus der Zellen in der Pflanze, Befruchtung und Entwickelung des Eies: alle diese jetzt hoffnungslos dunklen Vorgänge wären uns so durchsichtig, wie die Bewegungen der Planeten.

Machen wir dagegen dieselbe Voraussetzung astronomischer Kenntniss für das Gehirn des Menschen, oder auch nur für das Seelenorgan des niedersten Thieres, dessen geistige Thätigkeit auf Empfinden von Lust und Unlust sich beschränken mag, so wird zwar in Bezug auf alle darin stattfindenden materiellen Vorgänge unser Erkennen ebenso vollkommen sein und unser Causalitätstrieb ebenso befriedigt sich fühlen, wie in Bezug auf Zuckung oder Absonderung bei astronomischer Kenntniss von Muskel oder Drüse. Die unwillkürlichen und nicht nothwendig mit Empfindung verbundenen Wirkungen der Centraltheile, Reflexe, Mitbewegung, Athembewegungen, Tonus, der Stoffwechsel des Gehirnes und Rückenmarkes u. d. m. wären erschöpfend erkannt. Auch die mit geistigen Vorgängen der Zeit nach stets, also wohl nothwendig zusammenfallenden materiellen Vorgänge wären ebenso vollkommen durchschaut. Und es wäre natürlich ein hoher Triumph, wenn wir zu sagen wüssten, dass bei einem bestimmten geistigen Vorgang in bestimmten Ganglienkugeln und Nervenröhren eine bestimmte Bewegung bestimmter Atome stattfinde. Es wäre grenzenlos interessant, wenn wir so mit geistigem Auge in uns hineinblickend die zu einem Rechenexempel gehörige Hirnmechanik sich abspielen sähen wie die Mechanik einer Rechenmaschine; oder wenn wir auch nur wüssten, welcher Tanz von Kohlenstoff-, Wasserstoff-, Stickstoff-, Sauerstoff-, Phosphor- und anderen Atomen der Seligkeit musikalischen Empfindens, welcher Wirbel solcher Atome dem Gipfel sinnlichen Geniessens, welcher Molecularsturm dem wüthenden Schmerz beim Misshandeln des *N. trigeminus* entspricht. Die Art des geistigen Vergnügens, welche die durch Hrn. FECHNER geschaffenen Anfänge der Psychophysik oder Hrn. DONDERS' Messungen der Dauer einfacherer Seelenhandlungen uns bereiten, lässt uns ahnen, wie solche unverschleierte Einsicht in die materiellen Bedingungen geistiger Vorgänge uns erbauen würde.

Was aber die geistigen Vorgänge selber betrifft,

so zeigt sich, dass sie bei astronomischer Kenntniss des Seelenorganes uns ganz ebenso unbegreiflich wären, wie jetzt. Im Besitze dieser Kenntniss ständen wir vor ihnen wie heute, als vor einem völlig Unvermittelten. Die astronomische Kenntniss des Gehirnes, die höchste, die wir davon erlangen können, enthüllt uns darin nichts als bewegte Materie. Durch keine zu ersinnende Anordnung oder Bewegung materieller Theilchen aber lässt sich eine Brücke in's Reich des Bewusstseins schlagen.

Bewegung kann nur Bewegung erzeugen, oder in potentielle Energie zurück sich verwandeln. Potentielle Energie kann nur Bewegung erzeugen, statisches Gleichgewicht erhalten, Druck oder Zug üben. Die Summe der Energie bleibt dabei stets dieselbe. Mehr als dies Gesetz bestimmt, kann in der Körperwelt nicht geschehen, auch nicht weniger; die mechanische Ursache geht rein auf in der mechanischen Wirkung. Die neben den materiellen Vorgängen im Gehirn einhergehenden geistigen Vorgänge entbehren also für unseren Verstand des zureichenden Grundes. Sie stehen ausserhalb des Causalgesetzes, und schon darum sind sie nicht zu verstehen, so wenig, wie ein *Mobile perpetuum* es wäre. Aber auch sonst sind sie unbegreiflich.

Es scheint zwar bei oberflächlicher Betrachtung, als könnten durch die Kenntniss der materiellen Vorgänge im Gehirne gewisse geistige Vorgänge und Anlagen uns verständlich werden. Ich rechne dahin das Gedächtniss, den Fluss und die Association der Vorstellungen, die Folgen der Uebung, die specifischen Talente u. d. m. Das geringste Nachdenken lehrt, dass dies Täuschung ist. Nur über gewisse innere Bedingungen des Geisteslebens, welche mit den äusseren durch die Sinneseindrücke gesetzten etwa gleichbedeutend sind, würden wir unterrichtet sein, nicht über das Zustandekommen des Geisteslebens durch diese Bedingungen.

Welche denkbare Verbindung besteht zwischen bestimmten Bewegungen bestimmter Atome in meinem Gehirn einerseits, andererseits den für mich ursprünglichen, nicht weiter definirbaren, nicht wegzuleugnenden Thatsachen: „Ich fühle Schmerz, fühle Lust; ich schmecke Süsses, rieche Rosenduft, höre Orgelton, sehe Roth," und der ebenso unmittelbar daraus fliessenden Gewissheit: „Also bin ich"?[24] Es ist eben durchaus und für immer unbegreiflich, dass es einer Anzahl von Kohlenstoff-, Wasserstoff-, Stickstoff-, Sauerstoff- u. s. w. Atomen nicht sollte gleichgültig sein, wie sie liegen und sich bewegen, wie sie lagen und sich bewegten, wie sie liegen und sich bewegen werden. Es ist in keiner Weise einzusehen, wie aus ihrem Zusammenwirken Bewusstsein entstehen könne. Sollte ihre Lagerungs- und Bewegungsweise ihnen nicht gleichgültig sein, so müsste man sie sich nach Art der Monaden schon einzeln mit Bewusstsein ausgestattet denken. Weder wäre damit das Bewusstsein überhaupt erklärt, noch für die Erklärung des einheitlichen Bewusstseins des Individuums das Mindeste gewonnen[25].

Es ist also grundsätzlich unmöglich, durch irgend eine mechanische Combination zu erklären, warum ein Accord KÖNIG'scher Stimmgabeln mir wohl-[26], und warum Berührung mit einem heissen Körper mir wehthut. Kein mathematisch überlegender Verstand könnte aus astronomischer Kenntniss des materiellen Geschehens in beiden Fällen *a priori* bestimmen, welcher der angenehme und welcher der schmerzhafte Vorgang sei. Dass es vollends unmöglich sei, und stets bleiben werde, höhere geistige Vorgänge aus der als bekannt vorausgesetzten Mechanik der Hirnatome zu verstehen, bedarf nicht der Ausführung. Doch ist, wie schon bemerkt, gar nicht nöthig, zu höheren Formen geistiger Thätigkeit zu greifen, um das Gewicht unserer Betrachtung zu vergrössern. Sie gewinnt gerade an Eindringlichkeit durch den Gegensatz zwischen der vollständigen Unwissenheit, in welcher astronomische Kenntniss des Gehirnes uns über das Zustandekommen auch der niedersten geistigen Vorgänge liesse, und der durch solche Kenntniss gewährten ebenso vollständigen Enträthselung der höchsten Probleme der Körperwelt.

Ein aus irgend einem Grunde bewusstloses, z. B. ohne Traum schlafendes Gehirn, astronomisch durchschaut, enthielte kein besonderes Geheimniss mehr, und bei astronomischer Kenntniss auch des übrigen Körpers wäre die ganze menschliche Maschine, mit ihrem Athmen, ihrem Herzschlag, ihrem Stoffwechsel, ihrer Wärme, u. s. f., bis auf das Wesen von Materie und Kraft, völlig entziffert. Der traumlos Schlafende ist begreiflich, wie die Welt, ehe es Bewusstsein gab. Wie aber mit der ersten Regung von Bewusstsein die Welt doppelt unbegreiflich ward, so wird es auch der Schläfer wieder mit dem ersten ihm dämmernden Traumbild.

Der unlösliche Widerspruch, in welchem die mechanische Weltanschauung mit der Willensfreiheit, und dadurch mittelbar mit der Ethik steht, ist sicher von grosser Bedeutung. Der Scharfsinn der Denker aller Zeiten hat sich daran erschöpft, und wird fortfahren, daran sich zu üben. Abgesehen davon, dass Freiheit sich leugnen lässt, Schmerz und Lust nicht, geht dem Begehren, welches den Anstoss zum Handeln und somit erst Gelegenheit zum Thun oder Lassen giebt, nothwendig Sinnesempfindung voraus. Es ist also das Problem der Sinnesempfindung, und nicht, wie ich einst sagte, das der Willensfreiheit, bis zu dem die analytische Mechanik führt[27].

Damit ist die andere Grenze unseres Naturerkennens bezeichnet. Nicht minder als die erste ist sie eine unbedingte. Nicht mehr als im Verstehen von Kraft und

Materie hat im Verstehen der Geistesthätigkeit aus materiellen Bedingungen die Menschheit seit zweitausend Jahren, trotz allen Entdeckungen der Naturwissenschaft, einen wesentlichen Fortschritt gemacht. Sie wird es nie. Sogar der LAPLACE'sche Geist mit seiner Weltformel gliche in seinen Anstrengungen, über diese Schranke sich fortzuheben, einem nach dem Monde trachtenden Luftschiffer. In seiner aus bewegter Materie aufgebauten Welt regen sich zwar die Hirnatome wie in stummem Spiel. Er übersieht ihre Schaaren, er durchschaut ihre Verschränkungen, und Erfahrung lehrt ihn auch ihre Geberde dahin auslegen, dass sie diesem oder jenem geistigen Vorgang entspreche; aber warum sie dies thue, weiss er nicht. Zwischen bestimmter Lage und Bewegung gewisser Atome eigenschaftsloser Materie in der Sehsinnsubstanz und dem Sehen ist so wenig Beziehung wie zwischen einem ähnlichen Hergang in der Gehörsinnsubstanz und dem Hören, einem dritten in der Geruchsinnsubstanz und dem Riechen, u. s. w., und darum bleibt, wie wir vorhin sahen, die objective Welt des LAPLACE'schen Geistes eigenschaftslos[28].

An ihm haben wir das Maass unserer eigenen Befähigung oder vielmehr unserer Ohnmacht. Unser Naturerkennen ist also eingeschlossen zwischen den beiden Grenzen, welche einerseits die Unfähigkeit, Materie und Kraft, andererseits das Unvermögen, geistige Vorgänge aus materiellen Bedingungen zu begreifen, ihm ewig vorschreiben. Innerhalb dieser Grenzen ist der Naturforscher Herr und Meister, zergliedert er und baut er auf, und Niemand weiss, wo die Schranke seines Wissens und seiner Macht liegt; über diese Grenzen hinaus kann er nicht, und wird er niemals können.

Je unbedingter aber der Naturforscher die ihm gesteckten Grenzen anerkennt, und je demüthiger er in seine Unwissenheit sich schickt, um so tiefer fühlt er das Recht, mit voller Freiheit, unbeirrt durch Mythen, Dogmen und alterstolze Philosopheme, auf dem Wege der Induction seine eigene Meinung über die Beziehungen zwischen Geist und Materie sich zu bilden[29].

Er sieht in tausend Fällen materielle Bedingungen das Geistesleben beeinflussen. Seinem unbefangenen Blicke zeigt sich kein Grund zu bezweifeln, dass wirklich die Sinneseindrücke der sogenannten Seele sich mittheilen. Er sieht den menschlichen Geist gleichsam mit dem Gehirne wachsen, und, nach der empiristischen Ansicht, die wesentlichen Formen seines Denkens sogar erst durch äussere Wahrnehmungen sich aneignen. Er sieht ihn im Schlaf und Traum, in der Ohnmacht, im Rausch und der Narkose, im Fieberwahn und der Inanition, in der Manie, der Epilepsie, dem Blödsinn und der Mikrocephalie, in unzähligen krankhaften Zuständen abhängig von der dauernden oder vorübergehenden Beschaffenheit des Organes. Kein theologisches Vorurtheil hindert ihn wie DESCARTES, in den Thierseelen der Menschenseele verwandte, stufenweise minder vollkommene Glieder derselben Entwickelungsreihe zu erkennen. Vielmehr sieht er im Wirbelthierreiche die Hirntheile, welche auch physiologische Versuche und pathologische Erfahrungen als Träger höherer Geistesthätigkeiten bekunden, ihrer vergleichsweisen Entwickelung nach mit der Steigerung dieser Thätigkeiten gleichen Schritt halten. Wo von den anthropoiden Affen zum Menschen die geistige Befähigung den durch den Besitz der Sprache bezeichneten ungeheuren Sprung macht, findet sich ein entsprechender Sprung in der Hirnmasse vor. Die verschiedene Anordnung gleicher Elementartheile bei den Wirbellosen belehrt aber den Naturforscher, dass es hier wie bei anderen Organen weniger auf die Architektur, als auf die Structurelemente ankommt. Mit ehrfurchtsvollem Staunen betrachtet er das mikroskopische Klümpchen Nervensubstanz, welches der Sitz der arbeitsamen, baulustigen, ordnungsliebenden, pflichttreuen, tapferen Ameisenseele ist[30]. Endlich die Descendenz-Theorie im Verein mit der Lehre von der natürlichen Zuchtwahl drängt ihm die Vorstellung auf, dass die Seele als allmähliches Ergebniss gewisser materieller Combinationen entstanden, und vielleicht gleich anderen erblichen, im Kampf um's Dasein dem Einzelwesen nützlichen Gaben durch eine zahllose Reihe von Geschlechtern sich gesteigert und vervollkommnet habe[31].

Wenn nun die alten Denker jede Wechselwirkung zwischen Leib und Seele, wie sie diese sich vorstellten, als unverständlich und unmöglich erkannten, und wenn nur durch praestabilirte Harmonie das Räthsel des dennoch stattfindenden Zusammengehens beider Substanzen zu lösen ist, so wird wohl die Vorstellung, die sie, in Schulbegriffen befangen, von der Seele sich machten, falsch gewesen sein. Die Nothwendigkeit einer der Wirklichkeit so offenbar zuwiderlaufenden Schlussfolge ist gleichsam ein apagogischer Beweis gegen die Richtigkeit der dazu führenden Voraussetzung. Um bei dem Uhrengleichniss stehen zu bleiben, sollte nicht die einfachste Lösung der Aufgabe die von LEIBNIZ vorweg verworfene[32] vierte Möglichkeit sein, dass die beiden Uhren, deren Zusammengehen erklärt werden soll, im Grunde nur eine sind? Ob wir die geistigen Vorgänge aus materiellen Bedingungen je begreifen werden, ist eine Frage ganz verschieden von der, ob diese Vorgänge das Erzeugniss materieller Bedingungen sind. Jene Frage kann verneint werden, ohne dass über diese etwas ausgemacht, geschweige auch sie verneint würde.

An der oben angeführten Stelle sagt LEIBNIZ, der dem menschlichen Geist unvergleichlich überlegene, aber endliche Geist, dem er Sinne und technisches Vermögen von entsprechender Vollkommenheit zuschreibt, könnte einen Körper bilden, der die Handlungen eines Menschen nachahmte. Dass er einen Menschen bilden könnte, sagt er nicht, weil in seinem Sinne dem Automaten von Fleisch und Bein, den er sich wie DESCARTES die Thiere seelenlos vorstellt, zum Menschen noch die mechanisch unfassbare Seelenmonade fehlt. Der Unterschied zwischen der LEIBNIZischen und unserer Anschauung wird hieran besonders klar. Man denke sich alle Atome, aus denen CAESAR in einem gegebenen Augenblick, am Rubicon etwa, bestand, durch mechanische Kunst mit einem Schlage jedes an seinen Ort gebracht, und mit seiner Geschwindigkeit im richtigen Sinne versehen. Nach unserer Anschauung wäre dann CAESAR geistig wie körperlich wieder hergestellt. Der künstliche CAESAR hätte im ersten Augenblicke dieselben Empfindungen, Strebungen, Vorstellungen wie sein Vorbild am Rubicon, und theilte mit ihm seine Gedächtnissbilder, ererbten und erworbenen Fähigkeiten u. s. f. Man denke sich das gleiche Kunststück im gleichen Augenblicke mit einer gleichen Zahl anderer Kohlenstoff-, Wasserstoff- u. s. w. Atome ein, zwei, mehrere Mal ausgeführt. Worin sonst unterschieden sich im ersten Augenblicke der neue CAESAR und seine Doppelgänger, als in dem Ort, an dem sie wären zusammengesetzt worden? Aber der von LEIBNIZ gedachte

Geist, der den neuen CAESAR und seine mehreren SOSIA gebildet hätte, verstände gleichwohl nicht, wie die von ihm selber richtig angeordneten und im richtigen Sinne mit der richtigen Geschwindigkeit fortgeschnellten Atome deren Seelenthätigkeit vermitteln.

Man erinnert sich des kecken Ausspruches Hrn. CARL VOGT'S, der in den funfziger Jahren zu einer Art von Turnier um die Seele Anlass gab: „dass alle jene „Fähigkeiten, die wir unter dem Namen Seelenthätigkei„ten begreifen, nur Functionen des Gehirns sind, oder, „um es einigermaassen grob auszudrücken, dass die Ge„danken etwa in demselben Verhältnisse zum Gehirn „stehen, wie die Galle zu der Leber oder der Urin zu „den Nieren[33].“ Die Laien stiessen sich an diesem Vergleiche, der im Wesentlichen schon bei CABANIS sich findet[34], weil ihnen die Zusammenstellung der Gedanken mit der Absonderung der Nieren entwürdigend schien. Die Physiologie kennt indess solche aesthetischen Rangunterschiede nicht. Ihr ist die Nierenabsonderung ein wissenschaftlicher Gegenstand von ganz gleicher Würde mit der Erforschung des Auges oder Herzens oder sonst eines der gewöhnlich sogenannten edleren Organe. Auch das ist an jenem Ausspruch schwerlich zu tadeln, dass darin die Seelenthätigkeit als Erzeugniss der materiellen Bedingungen im Gehirn hingestellt wird. Fehlerhaft dagegen erscheint, dass er die Vorstellung erweckt, als sei die Seelenthätigkeit aus dem Bau des Gehirnes ihrer Natur nach so begreifbar, wie die Absonderung aus dem Bau der Drüse.

Wo es an den materiellen Bedingungen für geistige Thätigkeit in Gestalt eines Nervensystemes gebricht, wie in den Pflanzen, kann der Naturforscher ein Seelenleben nicht zugeben, und hierin stösst er nur selten auf Widerspruch. Was aber wäre ihm zu erwiedern, wenn er, bevor er in die Annahme einer Weltseele willigte, verlangte, dass ihm irgendwo in der Welt, in Neuroglia gebettet und mit warmem arteriellen Blut unter richtigem Drucke gespeist, ein dem geistigen Vermögen solcher Seele an Umfang entsprechendes Convolut von Ganglienkugeln und Nervenröhren gezeigt würde?

Schliesslich entsteht die Frage, ob die beiden Grenzen unseres Naturerkennens nicht vielleicht die nämliche seien, d. h. ob, wenn wir das Wesen von Materie und Kraft begriffen, wir nicht auch verständen, wie die ihnen zu Grunde liegende Substanz unter bestimmten Bedingungen empfinden, begehren und denken könne. Freilich ist diese Vorstellung die einfachste, und nach bekannten Forschungsgrundsätzen bis zu ihrer Widerlegung der vorzuziehen, wonach, wie vorhin gesagt wurde, die Welt doppelt unbegreiflich erscheint. Aber es liegt in der Natur der Dinge, dass wir auch in diesem Punkte nicht zur Klarheit kommen, und alles weitere Reden darüber bleibt müssig.

Gegenüber den Räthseln der Körperwelt ist der Naturforscher längst gewöhnt, mit männlicher Entsagung sein „*Ignoramus*“ auszusprechen. Im Rückblick auf die durchlaufene siegreiche Bahn trägt ihn dabei das stille Bewusstsein, dass, wo er jetzt nicht weiss, er wenigstens unter Umständen wissen könnte, und dereinst vielleicht wissen wird. Gegenüber dem Räthsel aber, was Materie und Kraft seien, und wie sie zu denken vermögen, muss er ein für allemal zu dem viel schwerer abzugebenden Wahrspruch sich entschliessen:

„*Ignorabimus!*“

Anmerkungen.

1 (S. 6). Essai philosophique sur les probabilités. Seconde Édition. Paris 1814. p. 3. Die merkwürdige Stelle lautet im Zusammenhange:

„Les événemens actuels ont avec les précédens, une liaison fondée sur le principe évident, qu'une chose ne peut pas commencer d'être, sans une cause qui la produise. Cet axiome connu sous le nom de *principe de la raison suffisante*, s'étend aux actions même les plus indifférentes. La volonté la plus libre ne peut sans un motif déterminant, leur donner naissance; car si toutes les circonstances de deux positions étant exactement les mêmes, elle agissait dans l'une et s'abstenait d'agir dans l'autre, son choix serait un effet sans cause . . . . L'opinion contraire est une illusion de l'esprit qui perdant de vue, les raisons fugitives du choix de la volonté dans les choses indifférentes, se persuade qu'elle s'est déterminée d'elle-même et sans motifs.

Nous devons donc envisager l'état présent de l'univers, comme l'effet de son état antérieur, et comme la cause de celui qui va suivre. Une intelligence qui pour un instant donné, connaîtrait toutes les forces dont la nature est animée, et la situation respective des êtres qui la composent, si d'ailleurs elle était assez vaste pour soumettre ces données à l'analyse, embrasserait dans la même formule, les mouvemens des plus grands corps de l'univers et ceux du plus léger atome: rien se serait incertain pour elle, et l'avenir comme le passé, serait présent à ses yeux. L'esprit humain offre dans la perfection qu'il a su donner à l'astronomie, une faible esquisse de cette intelligence. Ses découvertes en mécanique et en géométrie, jointes à celle de la pesanteur universelle, l'ont mis à portée de comprendre dans les mêmes expressions analytiques, les états passés et futurs du système du monde. En appliquant la même méthode à quelques autres objets de ses connaissances, il est parvenu à ramener à des lois générales, les phénomènes observés, et à prévoir ceux que des circonstances données doivent faire éclore. Tous ses efforts dans la recherche de la vérité, tendent à le rapprocher sans cesse de l'intelligence que nous venons de concevoir, mais dont il restera toujours infiniment éloigné. Cette tendance propre à l'espèce humaine, est ce qui la rend supérieure aux animaux; et ses progrès en ce genre, distinguent les nations et les siècles, et fondent leur véritable gloire."

2 (S. 7) Ueber die Frage nach dem Weltstillstande s. W. Thomson im Philosophical Magazine etc. 4th Series. vol. IV. 1852. p. 304; — Helmholtz, Ueber die Wechselwirkung der Naturkräfte u. s. w. Königsberg 1854. S. 22 ff; — Clausius in Poggendorff's Annalen u. s. w. 1865. Bd. CXXV. S. 398 (Auch in: Abhandlungen über die mechanische Wärmetheorie. Zweite Abtheilung. Braunschweig 1867. S. 41); — derselbe, Ueber den zweiten Hauptsatz der mechanischen Wärmetheorie. Vortrag gehalten in einer allgemeinen Sitzung der 41. Versammlung deutscher Naturforscher und Aerzte zu Frankfurt a. M. u. s. w. Braunschweig 1867. S. 15. — In den früheren Auflagen hiess es hier: „Liesse er (der Laplace'sche Geist) t im positiven Sinn unbegrenzt wachsen, so erführe er, ob Carnot's Satz erst nach unendlicher oder schon nach endlicher Zeit das Weltall mit eisigem Stillstande bedroht." Die Antwort auf diese Frage hängt aber davon ab, ob die Summe der Massen der die Welt zusammensetzenden Atome endlich oder unendlich ist. Dies müsste der Laplace'sche Geist schon vor Aufstellung der Weltformel wissen, und er brauchte sie also nicht, um zu erfahren, ob jener Zustand nach endlicher oder nach unendlicher Zeit bevorstehe. Uebrigens muss, bei beliebiger Anzahl und Masse

der einzelnen Atome, die Summe ihrer Massen endlich sein, soll nicht, bei unendlich viel Atomen, und dann auch simultanen Differentialgleichungen, deren Integration nicht nur in der Ausübung, sondern grundsätzlich unmöglich sein. Daher Leibniz mit erstaunlichem Tiefblicke die Aufstellbarkeit der Weltformel sogleich davon abhängig macht, dass die Anzahl der Atome endlich sei. Dem Texte liegt also jene Anschauung zu Grunde. Die Bedenken gegen Endlichkeit der Materie im unendlichen Raum, und die durch die metamathematischen Untersuchungen von Riemann u. A. über den Raum hier gesetzte Verwickelung sind mir wohl bekannt; doch war dies nicht der Ort, darauf einzugehen. — Anm. zur 4. Aufl.

3 (S. 7). Encyclopédie. Discours préliminaire. Paris 1751 Fol. t. I. p. IX. „L'Univers, pour qui sauroit l'embrasser d'un seul point de vûe, ne seroit, s'il est permis de le dire, qu'un fait unique et une grande vérité."

4 (S. 8). Réplique aux Réflexions contenues dans la seconde Édition du Dictionnaire critique de Mr. Bayle etc. G. G. Leibnitii Opera philosophica etc. Ed. J. E. Erdmann. Berolini 1840. 4°. p. 183. 184. „Il n'y a pas de doute qu'un homme pourroit faire une machine, capable de se promener durant quelque tems par une ville, et de se tourner justement aux coins de certaines rues. Un esprit incomparablement plus parfait, quoique borné, pourroit aussi prévoir et éviter un nombre incomparablement plus grand d'obstacles; ce qui est si vrai, que si ce monde, selon l'hypothèse de quelques uns, n'était qu'un composé d'un nombre fini d'atomes, qui se remuassent suivant les lois de la mécanique, il est sûr, qu'un esprit fini pourroit être assez relevé pour comprendre et prévoir démonstrativement tout ce qui y doit arriver dans un tems déterminé; de sorte que cet esprit pourroit non seulement fabriquer un vaisseau, capable d'aller tout seul à un port nommé, en lui donnant d'abord le tour, la direction, et les ressorts qu'il

faut; mais il pourroit encore former un corps capable de contrefaire un homme."

5 (S. 9). Diese schöne Art, die Grundwahrheit der Lehre von den Sinnen zu erläutern, verdanke ich Hrn. DONDERS.

6 (S. 13). Vergl. HELMHOLTZ, Gedächtnissrede auf GUSTAV MAGNUS. Abhandlungen der Königl. Akademie der Wissenschaften zu Berlin. Aus dem Jahre 1871. Berlin 1872. 4°. S. 11 ff.

7 (S. 15). Es versteht sich, dass innerhalb des Rahmens dieses Vortrages es meine Absicht nicht sein konnte, eine vollständige Kritik der Theorien über Materie und Kraft zu geben. Ich wollte nur andeuten, dass hier unlösliche Widersprüche versteckt sind. Ausführliche Auseinandersetzungen des Gegenstandes aus neuerer Zeit findet man in: G. TH. FECHNER, Ueber die physikalische und philosophische Atomenlehre. Leipzig 1855, und in: F. HARMS, Philosophische Einleitung in die Encyklopädie der Physik, im 1. Bde. von KARSTEN's Allgemeiner Encyklopädie der Physik. Leipzig 1869. S. 307 ff.

8 (S. 16). Die Wechselwirkung der Naturkräfte u. s. w. Königsberg 1854. S. 44.

9 (S. 17). Das wissenschaftliche Dasein des HUXLEY'schen Bathybius Haeckelii, der in den früheren Auflagen hier eine Rolle spielte, ist seitdem so precär geworden, wie das seines angeblichen fossilen Vorbildes, des Eozoon canadense. S. Nature, etc. Aug. 19th, 1875. Bd. XII. Nr. 303. p. 316; — Der Naturforscher. Wochenblatt zur Verbreitung der Fortschritte in den Naturwissenschaften. Herausgegeben von SKLAREK. VIII. Jahrg. 1875. Nr. 44. S. 414; — OTTO HAHN in den Württembergischen Jahresheften. 32. Jahrgang. Stuttgart 1876. S. 132. — Anm. zur 4. Aufl.

10 (S. 17). Sir WILLIAM THOMSON, in Report of the forty-first Meeting of the British Association for the Advancement of Science held at Edinburgh in August 1871. The President's Address p. CIII; — HELMHOLTZ in der Vorrede zum zweiten

Theile des ersten Bandes der deutschen Uebersetzung des Handbuches der theoretischen Physik von W. THOMSON und P. G. TAIT. S. XI ff. (1873). — Anm. zur 4. Aufl.

11 (S. 18). Vergl. SMAASEN, in POGGENDORFF's Annalen der Physik und Chemie. 1846. Bd. LXIX. S. 161.

12 (S. 19). S. HELMHOLTZ a. a. O.

13 (S. 19). S. meine Gedächtnissrede auf JOHANNES MUELLER. Abhandlungen der Königl. Akademie der Wissenschaften zu Berlin. Aus dem Jahre 1859. Berlin 1860. 4°. S. 129.

14 (S. 21). Ueber thierische Bewegung. Rede u. s. w. von E. DU BOIS-REYMOND. Berlin 1851. S. 4. 5.

15 (S. 22). Oeuvres de DESCARTES, publiées par VICTOR COUSIN. Paris 1824. t. I. Discours de la Méthode. p. 158. 159; — Méditation sixième. p. 344; — Objections et Réponses. p. 414 et suiv.; — Ibidem t. III. Les Principes de la Philosophie p. 102.

16 (S. 22). Ibidem, Les Principes etc. p. 151. — Vergl. E. DU BOIS-REYMOND, VOLTAIRE in seiner Beziehung zur Naturwissenschaft. Berlin 1868. S. 11.

17 (S. 22). Ibidem t. IV. Les Passions de l'Ame. p. 66. 67. 72. 73. — L'Homme. p. 402 et suiv.

18 (S. 22). Dictionnaire des Sciences philosophiques par une Société de professeurs de Philosophie. Paris 1844. t. I. p. 523

19 (S. 22). MALEBRANCHE, De la Recherche de la Vérité. Oeuvres complètes, par MM. DE GENOUDE et DE LOURDOUEIX. Paris 1837. 4°. t. I. p. 220 et suiv. — De la Prémotion physique. Ibid. t. II. p. 392 et suiv.

20 (S. 22). H. RITTER, Geschichte der Philosophie. Hamburg 1852. Th. XI. S. 104 ff. — HARMS a. a. O. S. 235. 236. — SCHWEGLER, Geschichte der Philosophie im Umriss. 7. Aufl. Stuttgart 1870. S. 144.

21 (S. 23). Second Éclaircissement du Système de la Communication des Substances. 1696. G. G. LEIBNITII Opera philosophica etc. p. 133. — Troisième Éclaircissement. 1696.

Ibid. p. 134. — Lettre à BASNAGE etc. Ibid. p. 152. — Das Uhrengleichniss steht auch in ARN. GEULINCX *ΓΝΩΘΙ ΣΕΑΥΤΟΝ* sive Ethica etc. Ed. PHILARETUS. Amstelod. 1709. 12°. p. 124. Nota 19. Seit RITTER hierauf aufmerksam machte (a. a. O. S. 140), pflegt man es GEULINCX zuzuschreiben. Da aber jenes 40 Jahre nach GEULINCX' Tod und 13 Jahre nach dem Second Éclaircissement erschienene Buch nicht wörtlich GEULINCX' Werk ist, vielmehr manche fremde Zuthat enthält, so ist vielleicht auch das Uhrengleichniss, nachdem LEIBNIZ es erfunden und wiederholt gebraucht, als allgemein bekanntes Bild nachträglich darin aufgenommen. Um es GEULINCX sicher zuzuschreiben, müsste man es in einer der vor 1696 erschienenen Ausgaben der Ethik nachweisen. In Berlin war deren keine aufzutreiben. — [Diese Anmerkung veranlasste einen tiefen und geistvollen Kenner der Geschichte der Wissenschaft, Hrn. Dr. G. BERTHOLD in Ronsdorf, zu erneuter gründlicher Untersuchung über den Ursprung des Uhrengleichnisses. Es ergab sich, dass an und für sich, ohne Beziehung auf die Verbindung zwischen Leib und Seele, das Bild zweier Uhren, welche gleichen Gang zeigen, von DESCARTES herrührt, dass es aber wirklich zuerst von GEULINCX zur Erläuterung der Verbindung zwischen Körper und Geist benutzt wurde. Hr. Dr. BERTHOLD wies es schon in einer in seinem Besitze befindlichen Ausgabe der Ethik vom Jahre 1683 nach. Monatsbericht der Berliner Akademie der Wissenschaften. 1874. S. 561—567. Hier ist auch (S. 567. Anm. 2) das Verzeichniss der Stellen vervollständigt, an welchen LEIBNIZ das Uhrengleichniss anwendet. — Anm. zur 4. Auflage].

22 (S. 23). LEIBNIZ giebt nicht an, aus welchem Quell er HUYGHENS' Beobachtung schöpfte. Hrn. Dr. BERTHOLD verdanke ich darüber folgende Notiz. „Bei FEDER, SOPHIE Churfürstin von Hannover im Umriss. Hannover 1810. 8. S. 239, findet sich ein Brief der Churfürstin an LEIBNIZ vom 24. Juli 1699, in welchem sie anfragt, wie es sich mit der gegenseitigen

Beeinflussung zweier Uhren verhalte, von der ihr LEIBNIZ gesprochen; sie habe es wieder vergessen. LEIBNIZ antwortet (26. Juli 1699, a. a. O. S. 240), dies sei eine Beobachtung von HUYGHENS über zwei Pendeluhren („*Il me l'a contée lui-même*, et il l'a même publiée dans ses ouvrages sur les pendules"), und giebt eine ausführliche Beschreibung davon, ohne jedoch den Vergleich mit Leib und Seele zu erwähnen." — HUYGHENS' erste Mittheilung steht im Journal des Sçavans, 16 et 23 Mars 1665; er erwähnt die Thatsache in seinem (CHR. HUGENII etc.) Horologium oscillatorium etc. Parisii 1673. Fol. p. 18. 19. — Seine Beobachtung wurde nicht nur, wie es in den früheren Auflagen im Text hiess, im Anfange dieses Jahrhunderts von BREGUET angewendet, um den Gang jeder der beiden Uhren gleichförmiger zu machen (BIOT's Lehrbuch der Experimental-Physik. Deutsch bearbeitet von FECHNER. Leipzig 1829. Bd. II. S. 129), sondern sie wurde auch gegen Mitte des vorigen Jahrhunderts vom Uhrmacher ELLICOT in London zufällig erneuert und weiter verfolgt (An Account of the Influence which two Pendulum Clocks were observed to have upon each other. Philosophical Transactions. 1739. p. 126. 128). — Vergl. LAPLACE, Sur l'action réciproque des pendules etc. in den Annales de Chimie et de Physique. 1816. t. III. p. 162, mit einem Zusatze von ARAGO (Deutsch in GILBERT's Annalen der Physik. 1817. Bd. LVII. S. 229). — Anm. zur 4. Aufl.

23 (S. 25). In der oben S. 6 (Vergl. Anm. 1 auf S. 40) angeführten Stelle hat LAPLACE die Bedingungen astronomischer Kenntniss nicht richtig ausgedrückt. Auch die von mir in den früheren Auflagen angegebenen Bedingungen waren unrichtig. — Anm. zur 4. Aufl.

24 (S. 29). Bei seinem „*Je pense, donc je suis*" verstand DESCARTES unter Denken ursprünglich einen verwickelten Denkact im engeren Sinne (Discours de la Méthode, in den Oeuvres de DESCARTES publiées par V. COUSIN etc. t. I. p. 158). Doch

erklärte er später, dass er auch einfache Sinnesempfindung damit meine. „Par le mot de penser, j'entends tout ce qui se fait en nous de telle sorte que nous l'apercevons immédiatement par nous mêmes, c'est pourquoi non seulement entendre, vouloir, imaginer, mais aussi *sentir*, est la même chose ici que penser." (Principes de la Philosophie, ibidem, t. II. p. 67. — Vergl. auch Méditations, ibidem, t. I. p. 253). — Anm. zur 4. Aufl.

25 (S. 30). Vergl. die ähnlichen Betrachtungen Locke's in dem Essay on Human Understanding (Works, London 1812, vol. III. p. 54 sqq.), welche auch Leibniz in den Nouveaux Essais sur l'Entendement humain (Ed. Erdmann etc. p. 375) sich zu eigen gemacht hat. Vergl. noch Leibniz selber l. c. p. 185. 203. — Den hier von mir entwickelten Beweis, dass wir die geistigen Vorgänge aus ihren materiellen Bedingungen nie begreifen werden, habe ich seit Jahren in meinen öffentlichen Vorlesungen „Ueber einige Ergebnisse der neueren Naturforschung" vorgetragen, und auch gesprächsweise mitgetheilt. Mein Freund Hr. Tyndall hat schon davon in seiner Rede bei Eröffnung der mathematisch-physikalischen Abtheilung der Britischen Naturforscher-Versammlung in Norwich im Jahr 1868 mit gewohnter Meisterschaft eine glänzende Darstellung gegeben. Scope and Limit of scientific Materialism, in: Fragments of Science for unscientific people. London 1871. p. 121.

26 (S. 30). E. du Bois-Reymond, Das Kaiserreich und der Friede. — Leibnizische Gedanken in der neueren Naturwissenschaft. Zwei Festreden u. s. w. Berlin bei Dümmler. 1871. S. 31.

27 (S. 31). Untersuchungen über thierische Elektricität. Bd. I. Berlin 1848. Vorrede. S. xxxv.

28 (S. 32). Ich hoffe durch Aenderung des Textes die in den früheren Auflagen hier vorhandene Dunkelheit beseitigt zu haben, in Folge welcher der leider seitdem der Wissenschaft entrissene Verfasser der „Geschichte des Materialismus", in seiner sonst so einsichtigen Besprechung meiner Schrift, diese Stelle

missverstand und demgemäss tadelte (FR. ALB. LANGE, Geschichte des Materialismus und Kritik seiner Bedeutung in der Gegenwart. 2. Aufl. 2. Buch. Iserlohn 1875. S. 158 ff). — Anm. zur 4. Aufl.

29 (S. 33). In meiner Rede über LA METTRIE (Berlin bei Hirschwald. 1875) glaube ich (S. 24. 25) gezeigt zu haben, dass er zuerst den geistigen Erscheinungen gegenüber auf den Standpunkt des inductiven Naturforschers sich stellte. — Anm. zur 4. Aufl.

30 (S. 34). CHARLES DARWIN, The Descent of man etc. London 1871. vol. I. p. 145.

31 (S. 35). Vergl. E. DU BOIS-REYMOND, LEIBNIZische Gedanken u. s. w. (S. oben Anm. 26) S. 34.

32 (S. 35). In den „Elementen der Psychophysik", Th. I. Leipzig 1860. S. 5 bespricht Hr. FECHNER das Uhrengleichniss und sagt: „LEIBNIZ hat eine Ansicht vergessen, und zwar die einfachstmögliche. Die Uhren können auch harmonisch miteinander gehen, ja gar niemals auseinandergehen, weil sie gar nicht zwei verschiedene Uhren sind." In den früheren Auflagen war dies im Text erwähnt. Hr. Dr. BERTHOLD machte mich aber darauf aufmerksam, dass Hrn. FECHNER's Bemerkung LEIBNIZ insofern Unrecht thut, als dieser jene vierte Möglichkeit nicht vergass, vielmehr sie wiederholt ausdrücklich zurückwies: daher er sie später nicht wieder als eine der in Betracht kommenden Lösungen erwähnt. G. G. LEIBNITII Opera philosophica etc. p. 126. No. 11. p. 131. — Anm. zur 4. Aufl.

33 (S. 37). Köhlerglaube und Wissenschaft. 3. Auflage. Giessen 1855. S. 32.

34 (S. 37). CABANIS, Rapports du Physique et du Moral de l'Homme. Seconde Éd. Paris 1805. t. I. p. 152 et suiv.; — Vergl. JÜRGEN BONA MEYER, Philosophische Zeitfragen u. s. w. Bonn 1874. S. 196; — LANGE, Geschichte des Materialismus u. s. w. 2. Buch. 1875. S. 134. Anm. 44. S. 288. Anm. 3. — Anmerkung zur 4. Aufl.

Druck von Bär & Hermann in Leipzig.

Druck von Bär & Hermann in Leipzig.

www.ingramcontent.com/pod-product-compliance
Lightning Source LLC
LaVergne TN
LVHW042248300926
849161LV00003B/520